KB161091

수학은 어렵지만 미적분은 알고 싶어

수학은 어렵지만 미적분은 알고 싶어

요비노리 다쿠미 지음 | 이지호 옮김 | 전국수학교사모임 감수

한스미디어

감수의 글

미적분을 1시간 만에 이해할 수 있게 되는 마법

이 책에서 저자는 1시간 만에 미적분을 이해시킬 수 있다고 자신합니다.

미적분을 1시간 만에? 고등학교 수학 교사인 저는 도저히 이해할 수가 없었습니다. 미적분이란 존재가 고등학교에서 어떻습니까? 그 어렵다는 고등학교 수학, 그 수학에서도 최고 끝판왕인 미적분 아닙니까? 고등학교 3년 동안 수학을 내내 배워오고도 이 미적분에서 수학을 포기하는 경우가 많습니다. 내용도 어렵고, 시험에 출제되는 문제는 더더욱 어렵고요. 대학에 들어가는 마지막 관문인 대학수학능력평가 시험의 수학 영역에서 최고 난이도의 문제는 바로 여기서 나온다고 합니다.

저는 저자의 이 말이 저를 도발하는 것으로 느껴졌습니다.

미적분을 1시간 만에 이해시킨다고? 어떻게 하나 어디 보자라는 마음으로 책을 읽기 시작했습니다.

이 책은 유튜버 수학 강사인 다쿠미 선생님과 자타가 공인하는 수학 포기자인 에리 씨의 대화로 이야기를 이끌어가고 있습니다. 대화 형식으로 쉽게 쓰여진 이 글은 보는 순간 이야기 속으로 푹 빠져들게 합니다. 그래서 이 책을 단숨에 다 읽어 버렸습니다.

이 책에서의 대화는 소크라테스의 대화법을 떠올리게 합니다. 이 방법은 교육학에서 최고의 교육 방법 중 하나로 꼽힙니다. EBSMath에서 수학 동영상 콘텐츠를 수백 개 개발하고 자문해 본 저로서는 그동안 이 방법을 동영상에 구현하려고 노력을 많이 해왔었고, 이 방법의 어려움을 그 누구보다 잘 알고 있습니다.

그런데 이 책에서는 이 소크라테스의 대화법을 기가 막히게 잘 적용해냈습니다. 답을 주기보다는 상대방이 생각을 할 수 있게 하면서 개념을 스스로 깨우치게 합니다. 다쿠미 선생님은 에리 씨에게 답을 바로 주기보다는 에리 씨가 생각을 통해 개념을 깨우칠 수 있도록 유도합니다. 어려운 수학 기호도 자연스럽게 사용하여 어려움을 느끼지 않게 하고, 이 중 해석이 필요한 부분은 꼭 자세히 설명을 하여 기호를 읽는 방법까지 하나하나 알려줍니다. 에리 씨는 그러는 가운데 다쿠미 선생님의 말에 머리를 최대한 써서 겨우겨우 답을 해나가려고 노력합니다. 이러한 과정을 거치면서 에리 씨는 미적분의 개념에 대해, 진짜 1시간 만에 이해를 하게 됩니다.

물론 미적분을 1시간 만에 이해한다는 것이, 이 1시간 동안 고등학교에서 배우는 미적분의 모두를 알려준다는 것은 아닙니다. 여기서 알려주는 것은 사실 미적분의 기본 개념일 뿐입니다. 그런데 이 내용은 사실 미적분에서 가장 중요한 내용이지만 학교 수학에서 놓치고 있는 부분 중 하나입니다. 학교에서 학생들은 미적분의 계산에만 집중하고, 미분과 적분의 개념이나 원리, 실생활에서 적용되는 모습 등은 잘 모르는 경우가 많습니다.

이 책에서는 바로 이 부분을 1시간 만에 알려주고 있습니다. '학교 시험에 나오는 내용이야?' '시험 점수에 별로 도움이 안 돼?'라고 생각할지 모르겠지만 이 내용은 수학 입장에서 보면 아주 기본이 되는, 중요한 내용입니다.

이 책에서 말하는 수학을 공부해야 하는 이유는 수학을 배우는 것이 최단 경로로 결과를 이끌어내는 훈련이 되기 때문이고, 세상을 보는 눈, 즉 공통의 규칙을 찾아내는 눈을 단련할 수 있기 때문이라고 합니다. 수학을 공부함으로써 수학의 안경을 쓰고 세상을 볼 수 있으니 미적분을 익힌 사람에게는 미적분을 익힌 사람만이 이해할 수 있는 매력적인 세계를 볼 수 있다고 합니다. 저도 이 말에 전적으로 동감합니다. 이 책을 읽는 독자들은 미적분으로 세상을 이해할 수 있는 미적분의 안경을 쓸 수 있게 될 것이라 생각합니다.

전국수학교사모임

홍창섭

머리말

예전에 "이 세상은 미분으로 기술(記述)되어 있으며, 그것을 적분으로 읽는다"라는 글을 트위터에 올려서 이과 대학생과 대학교 교수들로부터 큰 반향을 얻은 적이 있습니다. 이 세상은 미분과 적분으로 구성되어 있습니다. 따라서 미적분을 공부하는 것은 우리가 살고 있는 세상을 이해하는 길이기도 합니다.

미적분은 고등학교 수학 중에서도 수학 자체의 매력과 재미가 응축되어 있는 단원입니다. 하지만 안타깝게도 수학에 좌절하는 사람(요즘 표현으로 '수포자')을 가장 많이 만들어내는 단원인 것 또한 사실입니다.

그동안 미적분에 관한 수업을 수없이 듣고 미적분을 주제로 한 책을 꾸준히 읽다 보니 미적분의 본질을 좀 더 '간단하고 재미있게' 가르칠 수 있지 않을까 하는 생각이 들었습니다. 현재 저는 〈학원 분위기로 배우는 대학교 수학·물리〉라는 유튜브

채널에서 이과 대학생과 수험생을 대상으로 수학과 물리를 알기 쉽게 설명하는 강의를 만들고 있습니다. 2017년 4월 기준으로 200개가 넘는 동영상을 공개했는데, 채널을 개설한 지 약 1년 반 만에 구독자 수가 13만 명을 돌파했습니다. 그러자 몇몇 대학에서 고맙게도 제 동영상을 강의 참고 자료로 지정하는 일도 있었답니다.

2018년 가을에는 '호리에몽'이라는 별명으로 유명한 호리에 다카후미 씨와 방송인 세 명이 출연하는 AbemaTV의 입시 다큐멘터리 프로그램 〈드래곤 호리에〉(연예인들이 출연해 도쿄대학교를 목표로 공부하는 내용)에서 수학을 강의해 달라는 연락이 오기도 했습니다.

수학을 배우다 보면 수식으로 표현된 세계와 현실 세계가 갑자기 연결되면서 '수학 두뇌'가 눈을 뜨는 순간이 찾아옵니다. 저 역시 지금까지 강사로 활동하는 동안 학생들의 '수학 두뇌'가 열리는 순간을 수없이 목격했습니다. 그럴 때마다 가르치는 제 자신도 말로는 도저히 표현할 수 없을 정도의 희열을 느낍니다. 〈드래곤 호리에〉에서 강의할 때도 저의 미적분 수업을 들은 호리에 씨가 "고등학생 시절에는 이해하지 못했던 미적분을 다쿠미 선생님 덕분에 이해할 수 있게 되었습니다!"라고 말씀하기도 하셨습니다. 그러고는 '수학 두뇌'가 눈을 떴는지, 그 뒤로 어디를 가던 수학 이야기를 하게 되었다고 덧붙이셨습니다(거짓말 같지만 사실입니다).

저는 유튜브에 강의 동영상을 올릴 때 항상 간결함을 의식해서 한 편당 10분 정도의 길이로 편집해서 올리고 있습니다. 고등학교에서 3년 동안 공부하는 미적분을 10분 만에 설명하는 일은 당연히 불가능합니다. 하지만 다루는 주제를 엄선하고 그 본질을 짧은 시간에 파악할 수 있도록 최대한 노력한 결과 60분 만에 해설할 수 있도록 구성하는 데 성공했습니다. 사실 이 책의 내용은 수학에 자신이 없는 사회인들을 대상으로 실시했던 60분짜리 강의에 기반을 두고 있습니다. 읽다 보면 틀림없이 '세상에 이런 미적분 강의가 있었다니!'라는 생각이 들 것이라 자부합니다.

이 책을 통해 독자 여러분의 '수학 두뇌'가 눈을 뜰 수 있다면 정말 기쁠 것 같습니다.

요비노리 다쿠미

contents

제1장

미분이란 무엇인가?

적분이란 무엇인가?

등장인물 소개

다쿠미 선생님

인기 급상승 중인 교육 분야 유튜버 수학 강사. 대학생과 입시생으로부터 "다쿠미 선생님의 강의는 이해하기 쉽고 재미있어요"라는 호평을 받고 있다.

에리

제조사에서 영업직으로 일하는 20대 여성. 자타가 공인하는 수포자였던 사람이다. 학창 시절 수학 시험에서 몇 번 0점을 받은 적이 있어 수식과 기호를 보기만 해도 오한이 날 만큼 수학을 무서워하게 되었다. 우연한 계기로 다쿠미 선생님을 알게 되어 미적분을 배우고 있다.

HOME ROOM 1

사실 미적분은 초등학생도 이해할 수 있다?

1시간이면 미적분을 이해할 수 있다

미적분에 관한 강의를 시작하기 전에, 먼저 에리 씨가 미적분에 대해 어떤 이미지를 갖고 있는지 알고 싶네요. 말씀해 주실 수 있을까요?

음··· 영문을 알 수 없는 기호가 나오거나 구불구불한 곡선, 복잡한 수식이 등장하는··· 좌우지간 너무 어렵다는 느낌이에요! 안 그래도 고등학교에 진학한 다음부터 수학이 정말 어려워져서 애를 먹었는데, 미적분이 사형 선고를 내린 느낌이었어요.

확실히 '미적분은 고등학교 수학 중에서도 가장 어려운

단원이기 때문에, 그전까지 수학 교과서에서 다룬 내용을 완벽하게 이해하지 않고서는 이해할 수 없다'라고 생각하는 사람도 많은 것 같더군요.

네···, 사실 저도 그렇게 생각했어요.

그런데 사실은 그 반대랍니다. 복잡한 계산을 하지 못하더라도 1시간만 투자하면 미적분의 본질을 이해할 수 있거든요.

게다가 수학의 매력과 재미가 응축되어 있는 단원이기 때문에 미적분을 이해하다 보면 수학 자체에 대한 이해도까지 단번에 높아져서 '수학 두뇌'가 눈을 뜨기도 한답니다.

네? 미적분이 그렇게 굉장한 단원이었나요? 하지만 부끄럽게도 제 수학 수준은 중학생 이하일지도 몰라요.

어려운 계산은 필요 없다!

그래도 전혀 문제없습니다. 덧셈, 뺄셈, 곱셈, 나눗셈

(사칙연산) 같은 기본적인 계산 방법만 알고 있으면 충분하거든요. 초등학생이나 중학생이라도 이해할 수 있습니다. 아무리 수학에 자신이 없다 해도 사칙연산 정도는 할 수 있지요?

무, 물론이죠(진땀). 하지만 기억나는 게 전혀 없기는 해도 어쨌든 고등학교 시절에 미적분 수업을 받아 본 적이 있는 사람으로서, "초등학생도 이해할 수 있다"라는 말은 조금 믿기 어렵네요.

에리 씨는 저를 믿지 못하는 모양이군요.

믿지 못하다니요! 그럴 리가요!

다만… 초등학생도 이해할 수 있다고는 하지만 저 같은 수포자였던 사람을 상대로 1시간 만에 미적분을 이해시키는 건 아무리 다쿠미 선생님이라고 해도 무리가 아닐까 싶어요. 저한테는 하늘을 날 수 있게 해 주겠다는 말과 비슷한 수준의 비현실적인 이야기로 느껴진다고나 할까요?

정말로 제가 1시간 만에 미적분을 이해할 수 있도록 만들어 주신다면 다쿠미 선생님은 틀림없이 보통 사람이 아니라 마법사일 거예요!

에리 씨, 제 별명이 뭔지 아시나요?

네? 다쿠미 선생님에게 별명이 있었어요?

수학의 마술사랍니다!

네?

이번 수업을 통해 에리 씨에게 '미적분을 1시간 만에 이해할 수 있게 되는 마법'을 걸어 드리지요!

HOME ROOM 2

수학은 '이미지'가 90퍼센트!

'수학'과 '물리'가 융합된 수학 강의

수학에 좌절하는 사람들을 보면 수학을 공부할 때 수식을 '수식 상태 그대로' 이해하려고 하는 경우가 많습니다.

저도 수식이 도저히 이해가 안 돼서 좌절했어요.

지금 저는 유튜브에서 수학을 가르치고 있습니다만, 사실 대학교와 대학원에서는 물리학을 전공했습니다.

고맙게도 많은 분이 제 수학 강의가 이해하기 쉽다고 말씀해 주셨습니다. 아마 그 이유는 제 수학 강의에 물리의 관점이 들어가 있어서가 아닐까 싶네요.

저기…,

'물리의 관점'이 들어가 있으면 왜 수학 강의가 이해하기 쉬워지나요?

'구체적인 이미지'를 떠올리면 이해가 쉬워진다

물리라는 건 간단히 말하면 자연계에 존재하는 현상 속에서 어떤 법칙을 찾아내려고 하는 학문입니다. 그리고 제 수학 강의는 단순히 수식을 이해하기 쉽게 해설하는 것이 아니라 물리의 관점을 섞어서 현실 세계와 연결시킵니다. 그래서 수식의 이미지를 떠올리기가 쉽기 때문에 이해하기도 쉬워지는 것이지요.

다쿠미 선생님이 하고 싶은 말씀이 무엇인지 조금은 이해가 될 것도 같아요!

그런데 사실 '현실 세계와 연결시켜서 수학을 공부하는' 것은 지금까지 모두가 자연스럽게 해 온 것이기도 하답니다.

그게 무슨 말씀이신가요?

이를테면 이런 것입니다. 초등학교 수학 시간에 '1+1=2'라는 덧셈이 처음 나왔을 때 그것을 과일이나 동물의 그림으로 배우지 않았나요?

맞아요! 그렇게 배웠어요!

초등학교 1학년에게 사과나 공 같은 그림 없이 '1+1=2'라는 수식만 보여주고 이해시키려고 하면 이해하지 못하는 아이가 압도적으로 많을 겁니다. 수식을 수식 상태 그대로 이해하는 것은 그렇게 쉬운 일이 아니지요. 그런데 중학교, 고등학교로 올라가며 수준이 높아질수록 교과서에 등장하는 수식의 '추상도'도 조금씩 높아집니다. 그래서 수식을 '수식 상태 그대로' 이해하려고 하는 사람이 많아지지요. 그 결과 '수학을 싫어하는 사람'이 대량으로 생겨나게 되는 것입니다.

그렇군요!

그러므로 어떤 수식을 사용하는 경우라도 현실 세계와 연결시켜 구체적인 이미지로 떠올릴 수만 있다면 수학 공부는 90퍼센트 성공한 것이나 다름이 없답니다.

HOME
ROOM
3

다양한 곳에서 사용되고 있는 미적분

미적분을 이미지로 이해한다

미적분을 이미지로 떠올리기 쉽게 표현하면, 미분은 먼지처럼 눈에 보이지 않는 작은 것을 현미경으로 보려고 하는 것이고, 적분은 '티끌 모아 태산'이라는 말처럼 그 먼지를 눈에 보일 정도로 많이 쌓으려고 하는 것입니다.

그렇게 말씀하시니 왠지 맥이 빠질 만큼 간단한 것처럼 들리네요.

오해를 무릅쓰고 말하면, 이것이 바로 미적분의 본질입니다. 수식을 섞은 해설은 앞으로 나올 예정이니 일단 이 이미지를 머릿속에 담아 두시기 바랍니다.

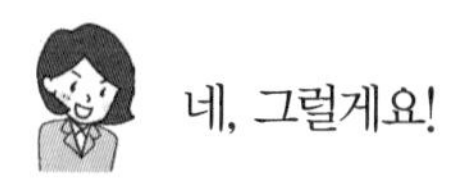

네, 그럴게요!

미분이란…

먼지처럼 눈에 보이지 않을 만큼 작은 것을 현미경으로 보려고 하는 것

적분이란…

'티끌 모아 태산'이라는 말이 있듯이, 먼지처럼 눈에 보이지 않는 작은 것을 눈에 보일 만큼 많이 쌓으려 하는 것

적분을 사용하면
홈런의 추정 비거리도 구할 수 있다

에리 씨, 미적분이 사실은 우리 생활과 매우 밀접한 존재라는 걸 알고 계신가요?

그런가요? 저로서는 도저히 상상이 안 되네요.

그렇다면 좀 더 이미지를 구체적으로 떠올릴 수 있도록 미적분이 얼마나 밀접한 존재인지 설명하는 것부터 시작해야겠군요!

일상생활 속에서는 미적분 수식 같은 걸 본 기억이 전혀 없기는 한데….

우리 눈에 보이는 곳에서 미적분 계산식이 나오는 건 아닙니다.

그렇다면 어디에서 사용되고 있나요?

에리 씨는 프로야구를 본 적이 있으신가요?

네, 있어요!

가령 도쿄돔 경기에서 타자가 초대형 홈런을 쳤을 때, 공이 외야석 위의 간판을 맞히는 경우가 가끔 있지요?

네! 그런 홈런이 나오면 야구장 분위기가 후끈 달아오르더라고요!

그때 공이 간판을 맞히고 떨어졌는데도 어떻게 그 공의 비거리가 나오는지 궁금했던 적은 없었나요?

아, 그러고 보니 분명히 그러네요! 어떻게 비거리를 측정한 건지 신기하게 생각한 기억이 있어요!

사실은 그 추정 비거리를 계산할 때 미적분이 사용되고 있답니다. 공 자체의 질량이나 물체에 가해지는 중력은 이미 알고 있으니까, 속도와 방향을 알면 미적분을 사용해서 이후에 공의 궤적이 어떻게 변화할지 전부 예측

할 수 있지요. 그렇게 구한 값을 추정 비거리로 발표하는 것이랍니다!

와! 그런 방법이 있었군요!

HOME ROOM
4

미적분을 알면 세상을 이해할 수 있다! ①

물체는 운동 방정식에 따라 움직인다

야구공뿐만 아니라 이 세상의 모든 물체는 '운동 방정식'이라는 수식에 따라서 움직인답니다.

운동 방정식이요?

운동 방정식을 수학적으로는 '미분 방정식'이라고 하지요. 에리 씨, 뉴턴이라는 이름을 들어 본 적이 있으신가요?

네, 있어요! 과학 잡지 이름으로도 쓰이는 아주 유명한 사람이잖아요!

그렇습니다. 운동 방정식은 그 아이작 뉴턴이 발견한, 물체의 운동 법칙을 나타내는 수식입니다. $F=m\frac{dv}{dt}$ 라는 식으로 나타낼 수 있지요.

어? 알파벳만 나열되어 있는 것도 수식이라고 하나요?

네. 아주 짧고 단순한 수식이지만 우주에 떠 있는 별이나 우리 주변에 있는 모든 물체의 운동을 이 수식으로 예측할 수 있답니다. 세기의 대발견이라고 해도 과언이 아니지요.

이 수식에 관해 조금 보충 설명을 하자면, F는 힘(Force), m은 질량(mass), v는 속도(velocity), t는 시간(time)을 가리킵니다.

그리고 d는 difference의 머리글자인데, '차이'를 나타내지요. 이 기호는 나중에 다시 등장하니까 그때 다시 설명해 드리겠습니다.

네, 기다릴게요!

우주 개발에도 미적분이 사용되고 있다

이 '운동 방정식'은 우주 개발에도 활용되고 있어요. 실제로 운동 방정식을 통해 유용한 결과를 이끌어내는 과정에서 적분 기호가 들어간 다음과 같은 식이 나옵니다.

$$v = -w \int \frac{1}{m} dm$$

무슨 식인지 전혀 모르겠어요(ㅜㅜ).

울지 마세요, 에리 씨! 모르는 게 오히려 당연하거든요. 이 수식도 운동 방정식도 전부 미적분이 사용되는 사례로 소개한 것일 뿐이에요.

이 수식은 '치올콥스키 방정식($v_f = v_i + u \ln \frac{m_i}{m_f}$)'이라는, 로켓 공학 분야에서는 모르는 사람이 없을 만큼 유명한 공식을 이끌어내기 위한 식이랍니다.

그런 유명한 공식에도 미적분이 사용되었군요!

로켓은 발사될 때 엄청난 양의 연기를 내뿜습니다. 그리고 발사된 뒤에도 분사물을 내뿜거나 기체를 분리시키면서 앞으로 나아가지요. 여기에는 기체를 조금이라도 가볍게 만들려는 목적뿐만 아니라 진행하는 방향과 반대 방향으로 기체를 분리시킴으로써 추진력을 얻으려는 목적도 있습니다.

이때 로켓의 무게에 따른 속도를 앞에서 소개한 계산식으로 계산한답니다. 여기에 미분이나 적분의 개념이 들어 있는 것이지요.

와, 대단하네요!

그렇다면 달 탐험이나 위성을 쏘아 올릴 때도 미적분이 꼭 필요하겠네요?

맞습니다. "미적분이 세상을 움직인다"라고 말해도 과언이 아니지요!

그런 엄청난 계산 방법을 지금부터 배우는 것이군요!

미적분을 알면 세상을 이해할 수 있다!②

혜성의 방문을 정확히 예측하다

그런데 운동 방정식을 발견한 뉴턴을 그 당시 사람들은 어떻게 받아들였을까요?

네? 그야 당연히 "이런 놀라운 발견을 하다니! 뉴턴 당신은 영웅이야!"라고 칭송하지 않았을까요?

그게, 사실은 정반대였답니다(ㅜㅜ).

생각해 보면 이해가 되는 것이, 그때까지 수식 같은 것이 전혀 없었던 상황에서 어느 날 갑자기 "물체의 운동은 전부 수식으로만 표현할 수 있습니다!"라는 말을 듣는다면 누구나 '세상이 그렇게 단순할 리가 있나?' 하고

의심할 겁니다. 그래서 처음에는 좀처럼 지지를 받지 못했다고 하네요.
그런데 이런 상황에서 어느 천문학자가 운동 방정식을 믿고 실천해 보기로 결심했습니다.

오오! 그 사람이야말로 영웅이네요!
…다만 어떻게 실천하는지가 중요하겠네요. 어떻게든 주위 사람들을 깜짝 놀라게 만들고 싶다는 생각도 있었는지 모르겠어요.

에리 씨가 말하신 대로입니다.
놀랍게도 그는 '혜성'의 궤도를 조사하는 데 운동 방정식을 사용했다고 합니다. 본래 우주에 흥미가 많아서 혜성을 연구하고 있었던 천문학자였기에 뉴턴의 운동 방정식이 옳다는 것을 증명하는 수단으로 '혜성'을 선택했는지도 모르지요.

그래서 실제 예측은 성공했나요?

물론입니다!

다만 안타깝게도 뉴턴은 그 혜성이 나타나기 전에 세상을 떠나고 말았습니다. 그리고 운동 방정식을 사용해서 혜성이 언제 도달할지 예측한 천문학자도 혜성이 도달하기 전에 눈을 감았지요.

세상에나! 아쉬움에 편히 눈을 감을 수 없었겠네요.

그리고 시간이 흘러서 예측한 그날이 다가왔습니다.

설마, 정말로 혜성이 나타났나요?

네, 나타났답니다. 그것도 천문학자가 예측한 것과 거의 같은 시기에 말이지요!

뉴턴과 그 천문학자가 살아 있었다면 뛸 듯이 기뻐했겠어요!

저도 틀림없이 그랬으리라 생각합니다.
그런데 에리 씨는 제가 지금까지 그 천문학자의 이름을 말하지 않았다는 걸 눈치채셨나요?

어? 그렇네요! 그 천문학자는 대체 누구인가요?

미분을 세계적으로 인지하게 된 계기

그러면 발표하겠습니다!

그 천문학자의 이름은 바로… 에드먼드 핼리입니다!

핼리라면…, 핼리 혜성의 그 핼리인가요?

그렇습니다!

핼리 혜성은 미적분의 유용성을 인지하게 된 계기를 만든 역사적인 혜성이지요.

저도 이름을 들어 본 적이 있는 유명한 혜성의 예측에 미적분이 사용되었다니!

놀라기는 아직 이릅니다!

이 이야기는 아직 끝난 게 아니거든요.

네? 또 뭐가 있나요?

혜성이 도달한 날이 바로 12월 25일이었다는 겁니다.

오오! 크리스마스에 혜성이 예측대로 도착하다니, 정말 로맨틱한 이야기네요!

아니, 그런 의미가 아닙니다.

12월 25일은 분명히 크리스마스이지만, 사실은 뉴턴의 생일이기도 하거든요!

와! 혜성이 도착한 날이 운동 방정식을 만들어 낸 사람의 생일이라니, 뭔가 운명 같은 이야기인데요!

그런데 다음에 핼리 혜성이 도착하는 시기가 언제인지 발표가 되었나요?

다음은 2061년 7월 28일에 도착할 예정이라고 하네요.

약 40년 뒤로군요!

어쩌면 저와 다쿠미 선생님도 볼 수 있을지 모르겠어요!

많은 경영자가 수학을 공부하는 이유

수학은 아름답다?

지금까지 해 드린 이야기를 듣고 미적분에 조금이나마 관심이 생기셨는지 모르겠습니다.

네! 핼리 혜성의 예측에 미적분이 사용되었다는 이야기를 들었더니 조금 관심이 생겼어요!

그렇다면 정말 다행이네요.

에리 씨처럼 어른이 된 뒤에 뒤늦게 수학의 재미를 깨닫고 공부하려는 사람도 많답니다. 그리고 수학을 알게 될수록 수학의 재미에 더욱 빠져들지요.

지금 저에게 수학을 배우고 있는 호리에 다카후미 씨도

그런 사람 중 한 명입니다. 푸는 방법을 가르쳐 드리면 종종 황홀한 표정을 지으면서 "이야~, 아름답네!"라고 말씀하시지요.

수학이 아름답다고요? 그건 또 무슨 말인가요?

이것은 수학의 본질에 관한 이야기입니다만, 수학은 푸는 방법이나 사용하는 기호가 심플하면서도 낭비가 없다는 생각이 들지 않나요? 아까 소개한 운동 방정식도 그 대표적인 예이지요. $F=m\frac{dv}{dt}$라는 식을 사용하면 물체가 어떤 운동을 할지 정확히 예측할 수 있으니까요.

듣고 보니 그러네요!

수학을 공부하면 세상을 보는 눈이 단련된다

심플하게 생각하기 때문에 최단 경로로 결과를 이끌어 낼 수 있는 것이지요.

그래서일지도 모르지만, 일류 경영자 중에는 수학을 중요하게 생각하는 사람이 많답니다!

그런가요?

호리에 다카후미 씨 이외에도, IT 기업인 드왕고를 창업한 가와카미 노부오 씨는 가정교사를 두면서까지 수학을 공부하고 있다고 합니다. 또 일본뿐만 아니라 세계 최고의 창업가로 이름 높은 일론 머스크 씨도 수학과 물리학을 공부하는 것이 중요하다고 역설했지요.

그렇게 유명한 사람들이 수학을 공부하라고 권하는 이유는 아까 다쿠미 선생님께서 말씀하셨듯이 수학을 배우는 것이 최단 경로로 결과를 이끌어내는 훈련이 되기 때문일까요?

그런 이유도 있다고 생각합니다. 그리고 추가하자면, '세상을 보는 눈이 단련된다'는 측면도 있지요.

세상을 보는 눈…이요?

공통의 '규칙'을 찾아내는 눈이라고 말하는 편이 좀 더 정확할지도 모르겠네요.

본래 수학은 아까 소개한 운동 방정식처럼 세상에 존재하는 온갖 사물이나 사건으로부터 일반적인 규칙을 추출해 정리한 것입니다. 호리에 씨처럼 수학에 대한 사랑이 깊어져서 수많은 규칙을 공부하면 발상을 할 때도 수학이라는 틀에 머물지 않게 되지요. 수학에서 배운 규칙이나 본질을 일상생활 속에서 찾아낼 수 있게 된답니다.

'수학을 잘할 수 있게' 되면 '세상을 바라보는 다양한 시각이 생기게' 된다는 말씀이시군요!

수학을 공부함으로써 '수학의 안경'을 쓰고 세상을 볼 수 있게 된다고 표현해도 좋을지 모르겠습니다. 그래서 미적분을 익힌 사람에게는 미적분을 익힌 사람만이 이해할 수 있는 매력적인 세계가 펼쳐지지요.

다쿠미 선생님은 수학을 공부한 뒤로 세상을 보는 눈이 어떻게 달라졌나요?

제가 좋아하는 게임과 관련지어서 말씀드리자면, 저는

지금 〈대난투(대난투 스매시브라더스)〉라는 게임에 푹 빠져 있습니다. 〈스트리트 파이터〉라는 게임은 에리 씨도 아시지요?

우락부락한 사람들이 싸우는 격투 게임이지요?

그렇습니다. 그 〈스트리트 파이터〉처럼 〈대난투〉에서도 캐릭터들이 격투를 하는데, 기술에 따라서 상대를 날려 버리는 각도 등이 조금씩 달라집니다. 그 궤도를 보고 있으면 머릿속에 온갖 수식이 떠오르지요. 관심 있는 모든 것이 수학으로 보이게 되는 겁니다.

네? 게임을 하고 있는데 수학 문제를 풀고 있는 듯한 느낌이 든다는 말인가요?

그렇다고도 할 수 있겠네요(^^).
하지만 그런 식으로 주위의 것들을 수학과 연결시켜서 볼 수 있게 되면 수학 공부가 더욱 즐거워진답니다!

저도 하루빨리 그 경지에 도달해 보고 싶어요!

60분 만에 미적분을 이해하기 위한 4단계

미적분은 4단계로 공부해라!

변화를 '본다'와 '더한다'

그러면 지금부터 본격적으로 미적분에 대해 설명하도록 하겠습니다! 앞에서도 말씀드렸듯이, 제 미적분 강의에서는 고등학교 3년 동안 배우는 내용을 60분 동안 해설합니다. 고작 60분밖에 안 되는 시간이지만, 틀림없이 미적분의 본질을 '감동적'으로 이해할 수 있게 될 겁니다.

세계에서 가장 짧고, 동시에 세계에서 가장 알기 쉬운 '획기적인' 미적분 강의이지요!

하아…, 솔직하게 말씀드리면 저는 아직도 다쿠미 선생님의 말씀에 별로 신뢰가 가지 않아요.

설마 60분 동안 "이렇게 하면 미적분 공식을 쉽게 외울 수 있습니다!"라면서 언어유희 암기법을 가르쳐 주고 끝나는 건 아니겠지요?

역시 에리 씨는 저를 의심하고 계셨군요. 당연히 공식을 통째로 암기한다고 해서 미적분의 본질을 이해할 수는 없습니다. 제 주관적인 느낌이지만, 대학 입시에서 수학을 선택한 수험생의 절반 정도는 공식을 통째로 암기해서 미적분 문제를 '기계적으로' 푸는 것 같더군요.

그렇게 해서라도 풀 수만 있으면 좋겠네요.

저는 대학원 박사과정까지 다니면서 물리학을 연구했기 때문에 당연히 고등학교에서 다루는 미적분보다 훨씬 깊은 세계도 알고 있습니다. 물론 고작 60분의 강의로 에리 씨를 그 세계까지 데려가 드릴 수는 없지만, 적어도 그 세계의 '입구'에 서게는 할 수 있지요.

그렇게까지 말씀하시니 저도 다쿠미 선생님을 믿고 60분 동안 열심히 배울게요!

고맙습니다. 제 미적분 강의는 다음 4단계로 진행됩니다.

미적분의 4단계

1단계	함수
2단계	그래프
3단계	기울기
4단계	넓이

미적분을 함수, 그래프, 기울기, 넓이의 순서로 공부하면 아무리 수학에 자신 없는 사람이라도 반드시 최단 경로로 미적분의 본질을 이해할 수 있습니다. 이 단계 자체가 미적분의 전체상을 보여주는 프레임워크(틀)라고도 할 수 있지요.

여기까지만 들으면 저 같은 사람도 쉽게 이해할 수 있을 것 같은 기분이 들기는 하는데….

아까도 말씀드렸듯이 기본적인 계산만 할 줄 안다면 초등학생도 충분히 이해할 수 있답니다!

새로 등장하는 기호는 두 개뿐

의미를 알면 기호도 두렵지 않다!

에리 씨, 미적분을 처음 공부했을 때 모르는 기호나 단어가 나와서 당황하지는 않았었나요?

맞아요! 그랬어요!

아무런 준비도 되어 있지 않은데 느닷없이 이런저런 기호가 나와서 당황한 사람도 많을 겁니다. 당장 방금 전에 기호가 많이 들어간 수식을 소개했을 때 에리 씨가 거부 반응을 보이기도 했고요.

하지만 각각의 의미를 이해하면 기호가 그렇게 무서운 것이 아니라는 것을 알게 될 겁니다.

정말인가요? 믿기 힘든데….

미적분에서 새로 등장하는 기호는 리미트와 인테그랄, 이 두 개뿐입니다.

미적분에 등장하는 두 가지 기호

lim …리미트

$\int$ …인테그랄

하아…, 기호만 봐도 벌써 어려워 보여…. 아직 제대로 시작도 안 했는데 미적분을 공부하겠다는 의욕이 확 꺾이네요.

하하, 지금부터 에리 씨의 의욕을 다시 끌어올려 드릴 테니 일단 진정하시고 제 이야기를 들어 주세요. 이 두 기호 중에 왠지 의미를 알 것 같은 것은 없나요?

네? 으음…. 리미트는 왠지 알 것도 같아요. 이건 영어잖아요. '한계', '극한' 이런 의미죠?

맞습니다! 인테그랄은 아무래도 낯설 테니까 나중에 설명해 드리지요.

여기에서 에리 씨가 기억해 주셨으면 하는 점은, 리미트와 인테그랄이라는 기호에는 '명령'의 의미가 있다는 것입니다. 가령 리미트는 '어떤 양을 어떤 값의 한계까지 접근시키시오'라는 명령입니다.

아하, 그러니까 도로 표지판 같은 것이군요!

그렇습니다!

그러니 겁먹을 필요가 전혀 없습니다. 오히려 에리 씨에게 도로 안내를 해 주는 친절한 사람이라고 생각하세요. 각 기호의 의미 자체는 초등학생이나 중학생이라도 이해할 수 있을 만큼 간단하답니다.

그렇게 생각하니까 조금은 마음이 편해졌어요!

그러면 이제 본격적으로 미적분 해설을 시작하겠습니다!

LESSON 3

'함수'란 무엇일까?

함수는 '변환 장치'

앞에서 제가 미분은 작은 것을 현미경으로 보는 것과 같고, 적분은 작은 것을 쌓아 올리는 것과 같다는 이야기를 했었지요?

이것을 좀 더 정확하게 표현하면 다음과 같습니다.

- **미분이란 '엄청나게 작은 변화'를 '보는' 것**
- **적분이란 '엄청나게 작은 변화'를 '더하는' 것**

'변화'라는 말이 새로 추가되었네요!

그렇습니다! 변화를 조사하고, 더한다.

이것으로 미적분의 본질에 한 발 더 다가갔습니다. 이것을 머릿속에 잘 담아 두시기 바랍니다.

그러면 먼저 미적분을 이해하기 위한 첫 번째 단계인 '함수'부터 설명을 시작하지요.

네, 잘 부탁드려요!

함수란 한마디로 말하면 '마술 상자'입니다. 변환 장치 같은 것이지요.

마술 상자라고요?

구체적으로 설명해 드리지요.

에리 씨의 눈앞에 마술 상자가 있다고 가정해 보겠습니다. 'f(에프)'라는 아주 멋진 이름의 상자이지요. 왠지 중2병 감성을 자극하는 이름이네요.

이 f라는 상자는 마술 상자라서 어떤 수를 집어넣으면 다른 수가 되어 튀어나온다는 특징이 있습니다. 예를 들어 1을 집어넣으면 3이 튀어나오고, 3을 집어넣으면 7이, −2를 집어넣으면 −3이 튀어나오지요.

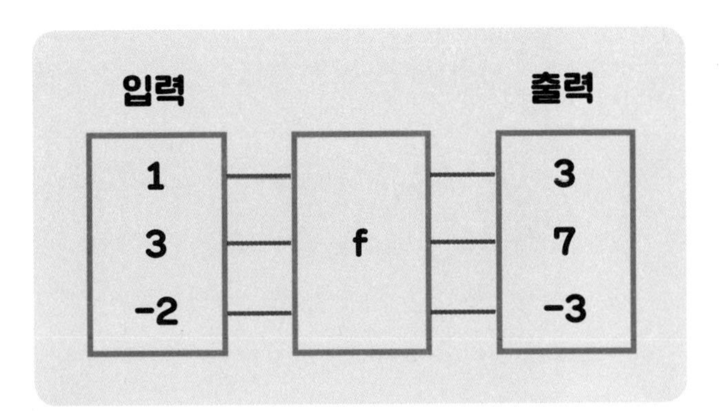

자, 그러면 질문입니다. 이 *f*라는 상자에는 어떤 규칙이 숨어 있을까요?

으음…, 1을 집어넣으면 3이 튀어나오고, 3을 집어넣으면 7이 튀어나온다 이거지요?

*f*에 +2를 하는 기능이 있다고 가정하면, 첫 번째 예는 1+2=3. 좋았어, 이건 통과!

다음 예는 어디 보자, 3+2=5. 어라? 7이 아니네….

그렇다면 +2는 아닌 건가?

아아, 모르겠어요.(ㅜㅜ)

시작부터 막힌 모양이군요!

에리 씨에게 한 가지만 알려 드리겠습니다. 사실 이 변환 장치가 바로 '함수'입니다.

그렇다면 왜 제가 이 상자에 굳이 f라는 중2병 느낌이 물씬 풍기는 이름을 붙였을까요?

음…, 혹시 다쿠미 선생님이 예전에 좋아했던 사람의 이름이 f로 시작한다든가?

'입력'과 '출력'의 관계를 의미한다

너무 넘겨짚으셨네요(^^)!

제가 상자에 굳이 f라는 이름을 붙인 이유는 f가 함수(=function)를 의미하기 때문입니다.

'입력하는 것'과 '출력되는 것'에 어떤 관계가 있는 경우에 '함수'라고 부릅니다.

그러니까 함수에는 '변환 장치'라는 역할이 있고, 그 변환 장치에 어떤 특징이 있는지를 미분으로 찾아내는 것이지요.

아하! 그런 의미가 있었군요!

의미를 알았으니 앞에서 드렸던 질문을 다시 한번 생각해 봅시다.

f에 1을 집어넣었더니 3이 튀어나왔고, 3을 집어넣었더니 7이 튀어나왔습니다. 자, 여기에는 어떤 규칙이 있을까요?

f에 집어넣는 수를 '입력', 튀어나오는 수를 '출력'이라고 하면, 정답은 '입력을 2배 한 다음 1을 더한 수가 출력된다'입니다.

하아…, 벌써 머릿속이 혼란스러워졌네요(ㅜㅜ).

실제로 입력을 2배 한 다음 1을 더해 보지요. 1을 입력하면 어떻게 될까요?

으음, 1×2+1이니까 3인가요?

맞습니다. 이번에는 3을 입력해 보세요.

3×2+1이니까 7이에요!

이제 아셨겠지요? 이 규칙을 수학 스타일로 표현하면 다음 그림처럼 된답니다.

출력 = 2 × **입력** + 1

수학에서는 결과를 왼쪽에 적는다

그런데 보통은 '2×입력+1=출력'이라고 적지 않나요?

좋은 질문입니다!

사실 수학에서는 이렇게 결과를 먼저 (왼쪽에) 적는 습관이 있답니다.

왠지 영어 같아요! "It is different"라고 먼저 결론을 말한 다음에 "because~"라고 그 이유를 말하는 것과 비슷한 논법이네요!

듣고 보니 분명히 공통점이 있군요!

정리하면, f라는 상자에는 '입력을 2배 한 다음 1을 더 한다'라는 규칙이 있음을 알 수 있습니다.

가령 입력을 x, 출력 결과를 y라고 한다면 어떤 식이 될까요?

$y=2\times x+1$이요!

훌륭합니다! 이제 수학다워졌네요!

기호를 사용하면 계산이 간단해진다!

x나 y 등을 사용하는 이유는, 기호로 적어 놓으면 어떤 수가 들어가더라도 계산할 수 있게 되기 때문입니다.

x가 4라면 $2\times4+1$이므로 y는 9가 됩니다.

x가 5라면 $2\times5+1$이므로 y는 11이 되지요.

이런 식으로 어떤 수가 들어가더라도 계산할 수 있답니다.

아하! 그런 이유가 있었군요!

'변환 장치'를 사용해서 계산해 보자

f(x)의 정체

수학에서는 최대한 기호를 사용해서 계산한다는 이야기를 했었는데, 이번 경우는 f라는 상자에 x를 넣었으니까 이것도 기호화해서 $f(x)$라고 표현하기로 하겠습니다. 'f라는 상자 속에 x를 넣었습니다'라는 의미이지요. 이것이 학교에서 배웠던 $f(x)$의 정체랍니다!

그런 것이었군요!

그렇다면 $f(1)$은 어떻게 될까요?

으음…, $2\times1+1$이니까…, 3이요!

맞습니다. 그렇다면 $f(3)$은요?

2×3+1이니까 7이요!

정답입니다. 아까 했던 것과 같은 계산이지요. 다만 다음과 같이 표현합니다.

$$f(1)=3, \quad f(3)=7$$
$$f(-2)=-3$$

아까는 상자 그림을 그려서 설명했습니다만, 굳이 그렇게 하지 않아도 $f(x)$라는 단 하나의 식만으로도 이해할 수 있지요. 바로 이것이 함수입니다.

그렇군요!

함수라고 하면 왠지 복잡하게 느껴질지도 모르지만, 사실은 의외로 간단합니다. 결국은 상자 속에 수를 넣으면 끝이지요. 뜨거운 물을 붓고 기다리면 되는 3분 요

리처럼 간단하답니다.

그리고 미분은 상자의 변화를 탐구하는 여행이라고도 할 수 있지요.

왠지 조금 재미있게 느껴지기 시작했어요!

'그래프'란 무엇인가?

그래프의 장점

함수에 관해서는 이제 이해하신 것 같네요!

그러면 다음 단계로 넘어가겠습니다.

두 번째 단계는 그래프입니다!

어라? 에리 씨, 갑자기 기운이 없어 보이네요?

그래프라는 말을 듣는 순간 갑자기 속이 울렁거려서….

저, 잠시 화장실에 다녀올게요(도망치는 척)!

(무시하며) 수포자 중에는 그래프가 등장한 순간에 에리 씨처럼 도망치려는 사람이 많지요. 직선의 그래프까지는 그래도 어떻게든 버티겠는데 그래프가 포물선을 그

리면 눈앞이 캄캄해진다고 하더군요. 실제로 그래프 때문에 수학에 좌절했다는 사람도 많습니다.

와, 그렇군요! 저만 이러는 게 아니라니 왠지 조금은 마음이 놓이네요.

사실 그래프는 그 정체만 알면 금방 이해할 수 있답니다. 그러면 설명해 드리지요!

저도 열심히 들을게요!

그래프를 보면 한눈에 판단할 수 있게 된다

그래프란 간단히 말하면 다음과 같은 것입니다.

그래프 → 입력과 출력 결과의 관계를 그림으로 나타낸 것

예를 들어서 동전 교환기에 1,000원짜리 지폐를 넣으면 (입력) 100원 동전이 10개 나옵니다(출력). 5,000원짜리 지폐를 넣으면 100원 동전이 50개가 나오지요. 이런 숫자를 그림으로 나타낸 것이 바로 그래프입니다.

그래프에는 무엇을 넣으면 무엇이 나오는지 일일이 문자로 적지 않아도 한눈에 알 수 있게 해 준다는 장점이 있습니다.

뭐랄까, 굉장히 스마트하네요!

그렇습니다.

그러면 실제로 앞에서 이야기했던 입력과 출력의 관계식을 사용해서 그래프를 그려 보도록 하지요. f라는 상자에 어떤 규칙이 있었는지 기억하시나요?

$2\times x+1$이요!

맞습니다.

그러면 f라는 기호를 사용해서 $f(x)=2x+1$이라고 적도록 하겠습니다. 이것이 상자의 정체입니다.

f에 어떤 숫자 x를 집어넣으니까 $f(x)$이군요.

그런데 왜 $2x$라고 적은 건가요?

쉽게 설명하면, 이것도 역시 $2\times x$라는 의미입니다.

수학에서는 곱셈 기호를 생략하고 쓸 수 있기 때문에

$2x$라고 적은 것이지요.

아, 그렇지! 기억났어요!

그러면 $f(x)=2x+1$의 그래프를 그리기 위해 먼저 선을

그려 보겠습니다.

이런 식으로 가로선과 세로선을 그립니다.

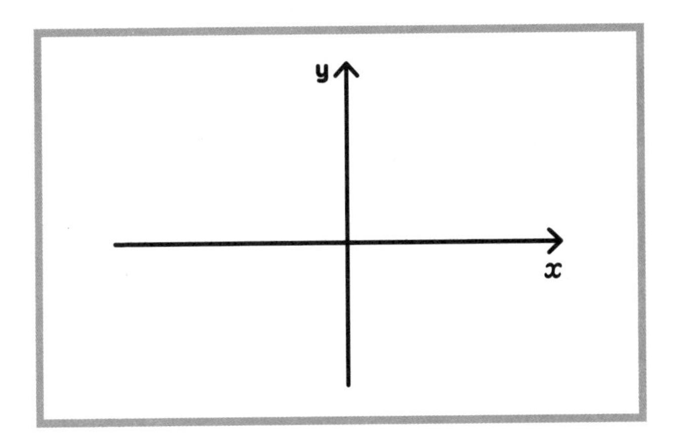

x는 입력, y는 출력

저기…, 왜 선을 두 개 그리는 건가요?

좋은 질문입니다. 먼저 가로축인 x는 무엇을 나타내는 것이었는지 기억하시나요?

조금 전에 다쿠미 선생님께서 말씀하셨던, 1이라든가 −2와 같이 f라는 상자 속에 집어넣는 숫자 아닌가요?

정답입니다. 요컨대 '입력'이지요. 그렇다면 세로축인 y는 무엇이었을까요?

그게…, y는 계산 결과였으니까 '출력'인가요?

정확합니다! 함수를 그래프로 나타낼 때는 그 '입력'과 '출력'이 중요하지요. 그리고 수학에서는 가로축에는 입력, 세로축에는 출력 결과를 적는 관습이 있습니다.

사소한 것에도 의미가 있다.

아하! 가로축과 세로축은 '입력'과 '출력'을 의미하고, 그 것을 하나의 그림에 그리고 싶으니까 선 두 개가 필요한 것이군요.

네, 그렇습니다. 지금처럼 아무리 사소하더라도 궁금한 점이 있으면 확실히 해결해 나가는 자세가 중요합니다. 수학에서는 사소한 것에도 전부 의미가 있거든요.

다쿠미 선생님께서 그렇게 말씀해 주시니 마음이 놓여요!

다행이네요! 그러면 이 기세로 계속 진행해 나갑시다!

실제로 그래프를 그려 보자

입력과 출력 결과를 점으로 표시한다

$f(x)=2x+1$에 $x=1$을 입력하면 $f(1)=3$이므로 출력 결과는 3이 됩니다. 이제 가로축의 1을 수직으로 지나가는 점선과, 세로축의 3을 수직으로 지나가는 점선이 만나는 곳에 아래 그림처럼 점을 찍어 보도록 하겠습니다.

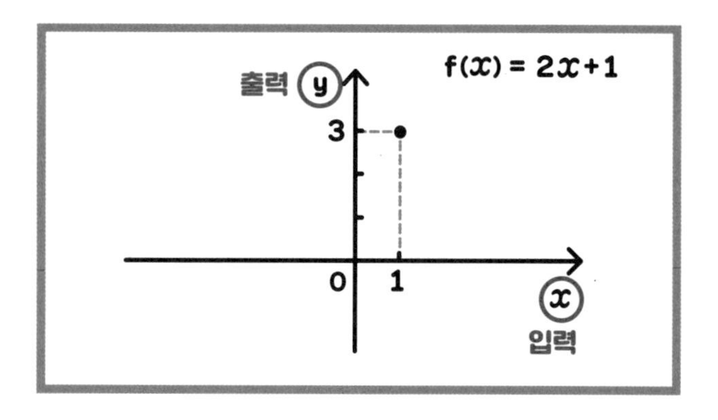

그렇다면 x에 −2를 넣을 경우는 어떻게 될까요?

음…, 2×(−2)+1이니까 −3이요!

정답입니다. x가 −2일 때 −3이 나오니까, −3인 장소를 찾습니다. 그러면 다음 그림처럼 되지요.

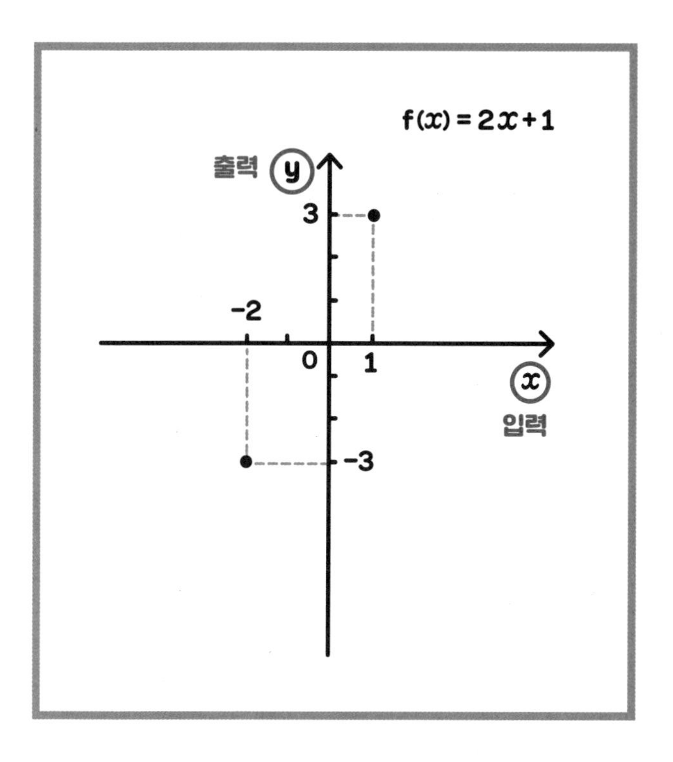

이런 식으로 입력과 출력 결과를 점으로 표시해 나갑니다.

1이라든가 −3과 같은 정수 말고 예를 들면 0.5와 같이 정수가 아닌 수도 있지 않을까요?

그렇습니다. 그런 수를 조사해도 되지요. 그리고 조사했으면 해당 위치에 점을 찍습니다. 가령 0.5라면 2, −1.5라면 −2와 같은 식이지요. 그러면 그래프 속에 다양한 점들이 생깁니다.

정말이네!

점들을 연결해 보자

에리 씨, 이 점들을 연결하면 어떻게 될까요? 실제로 공책에 그려 보시기 바랍니다.

와! 직선이 되었네? 그래프가 되었어!

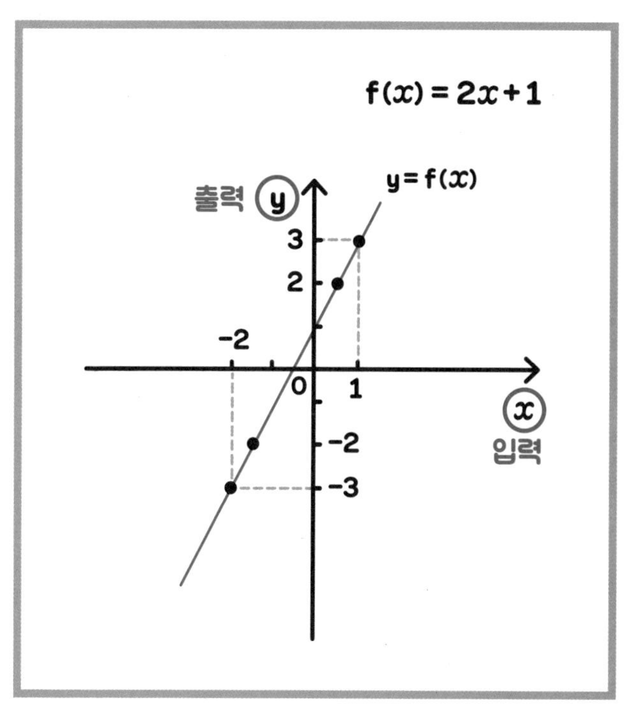

네, 하나의 직선이 되었습니다. 그래프로 만들면 어떤 수를 넣었을 때 무엇이 나올지 한눈에 알 수 있지요.

입력하는 수(입력)가 커질수록 출력되는 수(출력)도 커집니다. 반대로 입력하는 수가 작아지면 출력되는 수도 작아짐을 알 수 있지요. 이와 같이 입력과 출력을 연결한 것이 바로 그래프입니다.

이제 이해했어요!

고등학교 수학에서는 f(x)를 사용한다

그렇다면 이 그래프는 무엇을 나타내는 그래프라고 할 수 있을까요?

$y=2x+1$인가요?

맞습니다. 중학교에서는 그렇게 배웠을 겁니다. 하지만 고등학교 수학에서는 다음과 같이 표현할 때가 있지요.

$f(x)=2x+1$일 때의
함수 $y=f(x)$의 그래프를 그렸다

그래프에서는 세로축에 y라고 적혀 있으니까 에리 씨처럼 $y=2x+1$이라고 말해도 틀린 것은 아닙니다. 다만 $f(x)$라고 표현하면 x 속에 다양한 값을 넣은 결과를 표현하기가 쉽다는 이점이 있지요.

하아…, 왠지 이야기가 복잡해질 것 같은 예감이….

걱정 마세요! 하나하나 이해시켜 드릴 테니까요!

포물선 그래프를 그려 보자

공을 던졌을 때 생기는 궤도와 같다

이번에는 $f(x)=x^2$일 때의 함수 $y=f(x)$라는 그래프를 그려 보도록 하겠습니다.

에리 씨, x가 1이라면 y는 몇이 될까요?

1의 제곱이니까 1이요!

그렇습니다.

그 밖에 −1일 때도 $(-1)\times(-1)=1$이 되지요.

2일 때는 $2\times2=4$가 됩니다. 또한 0의 제곱은 0이니까 x와 y 모두 0입니다. 이제 그래프에 각각의 점을 찍어 나가면 다음 그림처럼 되지요.

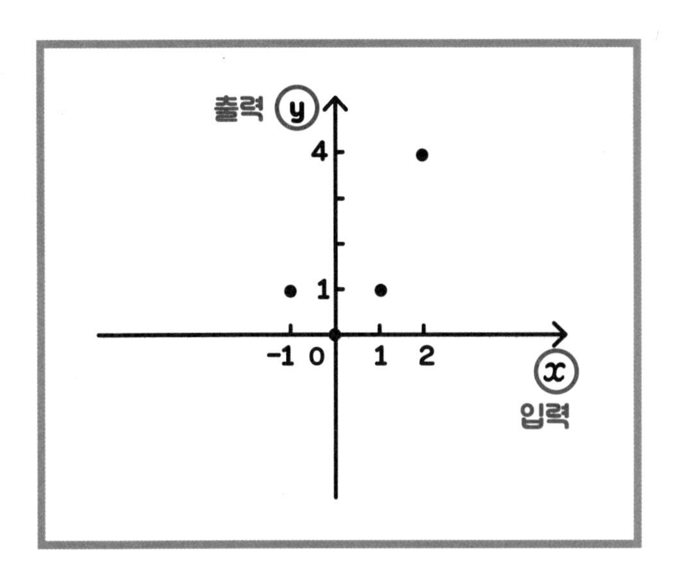

에리 씨, 이 점들을 연결하면 어떻게 될지 한번 그려 보시겠어요?

음…. 어어?

아까와는 다른 모양의 그래프가 되었어요(다음 페이지 참조)!

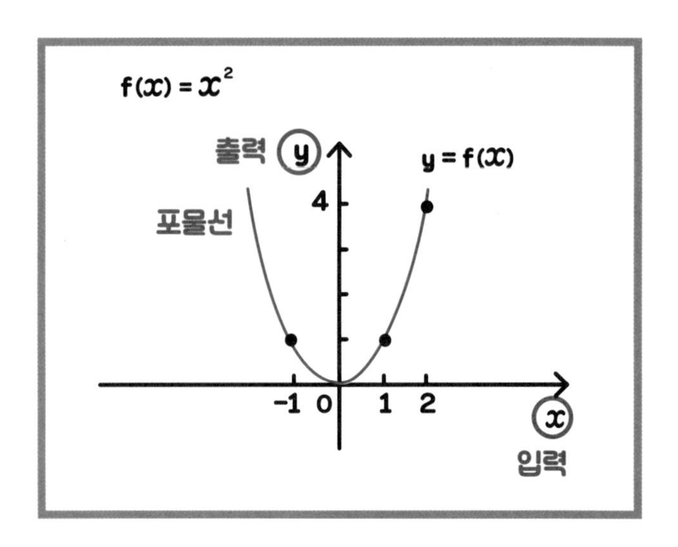

그렇습니다. 깔끔한 곡선의 그래프가 되었지요. 이 곡선을 포물선이라고 합니다. 공을 던지면 궤도가 곡선을 그리지요? 그것도 포물선(抛物線)이랍니다. 문자 그대로 '물건을 던졌을 때 그리는 선'이지요.

함수와 그래프라는 두 가지를 알면 준비 운동은 끝

그러면 지금까지의 내용을 복습해 보지요. 함수란 무엇이었지요?

수와 수 사이의 관계, 변환 장치요!

네, 그것이 f라는 상자의 정체입니다.

그리고 그래프란 입력과 출력의 결과를 한눈에 판단할 수 있게 해 주는 것이었지요. 이것이 미적분을 공부할 때 반드시 알아야 하는 두 가지입니다. 이것으로 준비 운동은 끝입니다!

네? 겨우 이것만으로 끝인가요?

원래 고등학교 수학에서는 미적분을 시작하기까지 준비 운동을 하는 데 약 2년을 들이지요. 하지만 제 수업에서는 함수와 그래프라는 두 가지만 파악하면 미적분을 이해하는 데 필요한 지식을 얻은 것이나 다름없답니다.

제가 고등학생 시절에 다쿠미 선생님을 만났더라면(ㅜㅜ).

괜찮아요. 지금부터 시작해도 전혀 늦지 않습니다!

그러면 빨리 미분에 관해 자세히 공부해 나가도록 합시다!

'기울기'란 무엇인가?

미분은 기울기를 구하는 도구

이제 준비 운동을 마쳤으니, 지금부터는 미분에 관해 공부하도록 하겠습니다.

세 번째 단계는 '기울기'입니다. 사실 미분은 '기울기를 구하는 도구'이지요.

기울기를 구하는 도구요?

에리 씨가 매일 아침 집에서 직장까지 걸어서 출근한다고 상상해 보시기 바랍니다.

집을 출발한 다음 적당한 타이밍에 초시계를 눌러서 측정을 시작했는데, 초시계가 1초를 가리켰을 때는 집의

현관에서 2미터 떨어진 장소에 있었고 5초를 가리켰을 때는 6미터 떨어진 장소에 있었습니다. 그렇다면 에리 씨의 걷는 속도는 얼마일까요? 참고로, 항상 일정한 속도로 걷고 있다고 가정합니다.

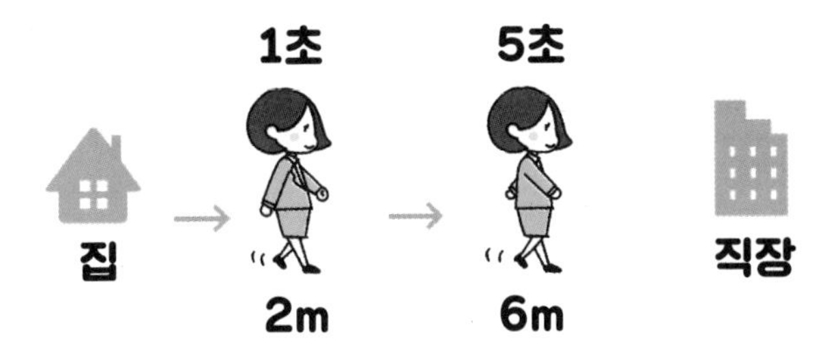

헉! 속도 문제인가요? 그러고 보면 초등학교 때 '거속시'라는 공식을 배운 것도 같고…. 으음, 대략 이런 것이었던가….

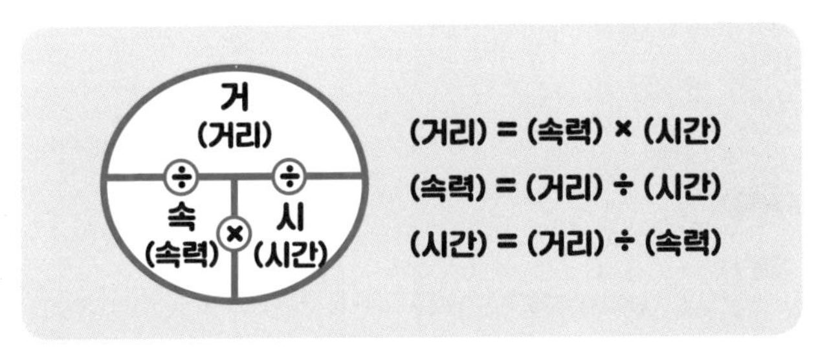

네, 맞습니다.

'거'는 '거리', '속'은 '속력', '시'는 '시간'을 나타내지요. 분명히 '거속시'는 외우기 쉬운 공식입니다. 다만 여기에는 '속도가 일정할 때'라는 조건이 붙으니까 그 점만은 주의하시기 바랍니다.

네, 조심할게요!

그렇다면 속력을 구할 경우는 (거리)÷(시간)이군요.

거리는 6미터니까 2미터를 빼서 4미터예요.

시간은 5초니까 1초를 빼서 4초가 돼요. 속력은 '(거리)÷(시간)'으로 구할 수 있으니까, 식으로 고치면 다음과 같지 않으려나요?

4m ÷ 4초 = 1m/초

답은 1m/초네요!

깔끔합니다! 그 말은 1초에 1미터를 나아갔다는 뜻이지요. 다시 말해 에리 씨의 속도는 '초당 1미터'인 것입니다.

뭐랄까, 굉장히 느긋하게 걷고 있네요!

안전을 최우선으로 최대한 조심조심 걷고 있는 모양입니다(^^).

그러면 에리 씨가 걸어가는 상황을 그래프로 표현해 봅시다. 가로축을 시간 t, 세로축을 나아간 거리 x로 삼고 점을 찍습니다. 1초일 때 현관에서 2미터 떨어진 곳, 5초일 때 6미터 떨어진 곳이었지요?

그래프로 그리니까 이렇게 되네요!

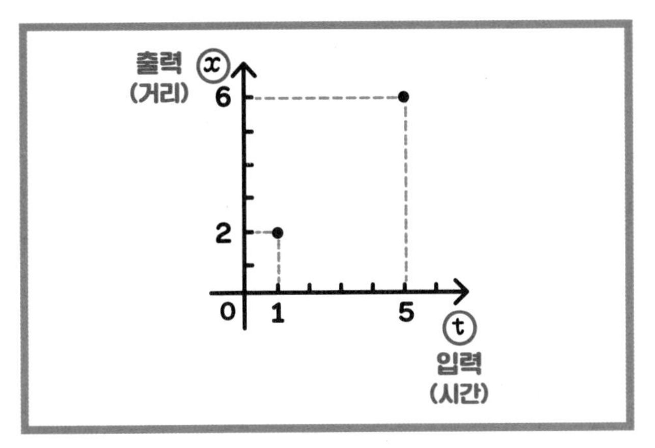

맞습니다. 이제 두 점을 연결하면 다음과 같지요.

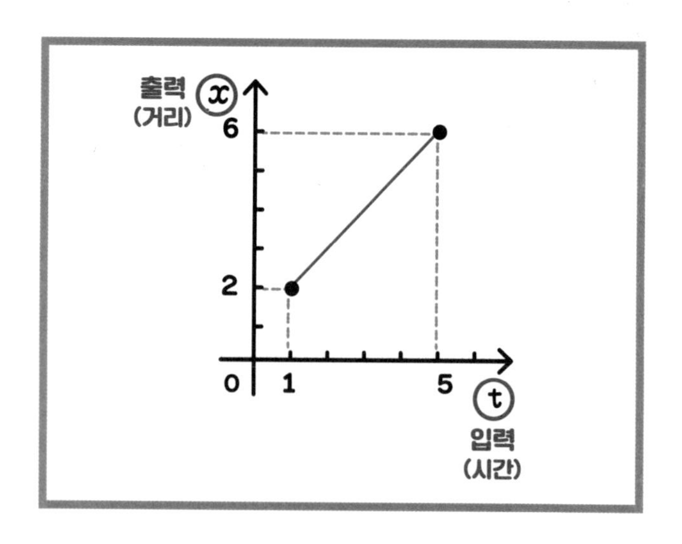

속도란 기울기를 가리킨다

그런데 에리 씨, 지금 우리가 어떤 주제에 관해 생각하고 있었는지 기억하시나요?

물론이지요! '기울기'잖아요!

그렇습니다. 에리 씨는 1초에 1미터씩 걷고 있습니다. 그래프를 보면 에리 씨가 걸은 시간과 걸어간 거리가 만나는 점을 연결한 직선도 1초가 지날 때마다 1미터씩 증가

하고 있지요? 그 변화의 페이스, 즉 변화율이 바로 '기울기'이지요.

그렇다면, 혹시 '속도를 구하는 것'과 '기울기를 구하는 것'은 같은 것인가요?

예리하시군요! 속도란 바로 기울기를 가리킵니다. 그리고 기울기(변화율)는 $\frac{\text{(세로축의 변화)}}{\text{(가로축의 변화)}}$로 구할 수 있지요. 이번 예시의 경우, 가로축의 변화가 5−1=4이고 세로축의 변화가 6−2=4이니까 기울기는 $\frac{4}{4}=1$입니다. 속도와 똑같은 결과가 나왔군요. 여기에서 가로축의 변화는 '시간의 변화'이고 세로축의 변화는 '거리의 변화'였으니 사실 당연한 결과이지요!

그렇군요!

그래프는 기울기가 바로 눈에 보이니까 이해하기가 쉽네요. 저도 다이어트를 할 때 매일 몸무게를 그래프로 나타내면 살이 빠지는 페이스를 파악할 수 있겠어요!

맞습니다! 꼭 도전해 보세요!

‘넓이’란 무엇인가?

거리는 넓이로 구한다

속도에 관해 설명해 드렸으니 다음에는 거리에 관해 설명해 드리겠습니다.

아까 에리 씨가 걷는 속도는 초당 1미터라는 결과를 얻

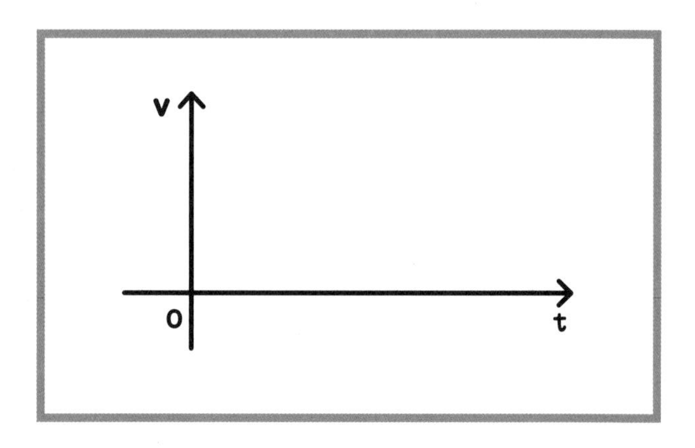

었습니다. 그러면 이제 가로축을 시간, 세로축을 속도로 놓은 그래프를 그려 봅시다. 가로축을 t, 세로축을 v라고 합니다.

t에 v요? 또 머릿속이 복잡해지네요….

그러실 것 같았습니다(^^). t는 time의 t, 그러니까 '시간'을 의미합니다. v는 무엇일까요?

victory밖에 생각이….

삐! 아슬아슬하게 틀렸습니다!
정답은 velocity, 속도입니다.

하나도 안 아슬아슬하잖아요(^^).

가로축을 t(시간), 세로축을 v(속도)로 놓고 4초 동안 나아간 거리를 살펴보도록 하겠습니다.
에리 씨, 4초가 지났을 때 어느 정도 거리를 나아갔을까요?

초당 1미터이니까 1m/초×4초=4m요!

그렇습니다. 그리고 어떤 시간에든 속도는 1m/초로 일정하니까 그래프로 나타내면 다음과 같아집니다.

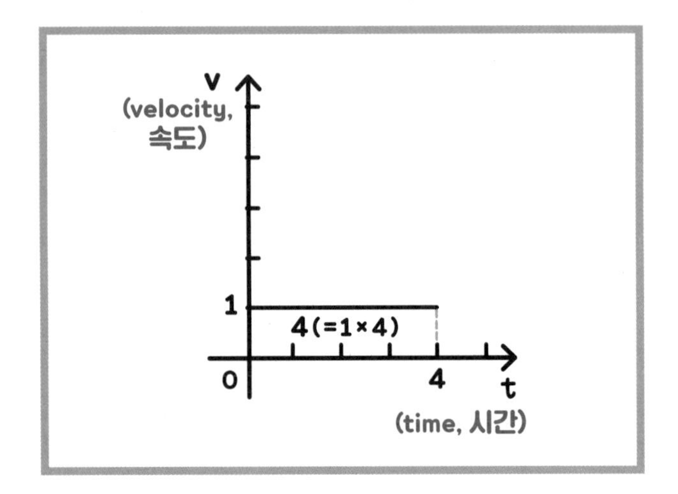

뭔가 눈치채셨나요?

그래프 안에 직사각형이 생겼어요!

직사각형의 (가로의 길이)×(세로의 길이)의 값이 거리

예리하시네요!

이번 경우는 어떤 시간에든 속도가 같으니까 기울기가 없는 직선이 그려져서 그래프 안에 직사각형이 나타난 것입니다.

이와 같이 '줄곧 같은 속도로 나아가는 것'을 '등속(等速)'이라고 합니다.

등속일 경우 (시간)×(속도)로 거리를 구한다고 말씀드렸는데, 사실은 이 직사각형의 넓이도 (가로의 길이)×(세로의 길이), 즉 4×1로 구할 수 있습니다.

그러네요! 거리와 넓이가 같은 값이에요!

가로축이 시간이고 세로축이 속도니까 당연하다면 당연한 결과이겠지요? 앞에서 (속도)=(기울기)라는 이야기를 했는데, 마찬가지로 (거리)=(넓이)인 것이지요.

그런데 현실에서는 사람이 언제나 같은 속도로 걸을 수

는 없지 않나요?

훌륭한 질문입니다!

그 점에 관해서는 뒤에서 자세히 이야기하겠습니다!

'등속이 아닐' 때가 미적분이 활약하는 순간!

'등속이 아닐' 때는 '거속시'를 사용할 수 없다

방금 전에 에리 씨가 지적하셨듯이, 사람이 걷다 보면 종종걸음으로 빠르게 걸을 때도 있고, 멈춰 설 때도 있고, 천천히 걸을 때도 있기 마련이지요.

이처럼 속도가 일정하지 않을 경우 어떻게 기울기(변화율)를 구해야 할지에 관해 함께 생각해 보도록 하겠습니다.

네!

앞의 사례에서 '1초일 때는 현관에서 2미터 떨어진 곳에 있었고, 5초일 때는 6미터 떨어진 곳에 있었다'는 전

제는 그대로 유지하면서 그래프를 그려 봅시다. 달리기도 하고, 천천히 걷기도 하고, 되돌아가기도 하는 등의 상황을 가정하면서 적당히 그려 보겠습니다.

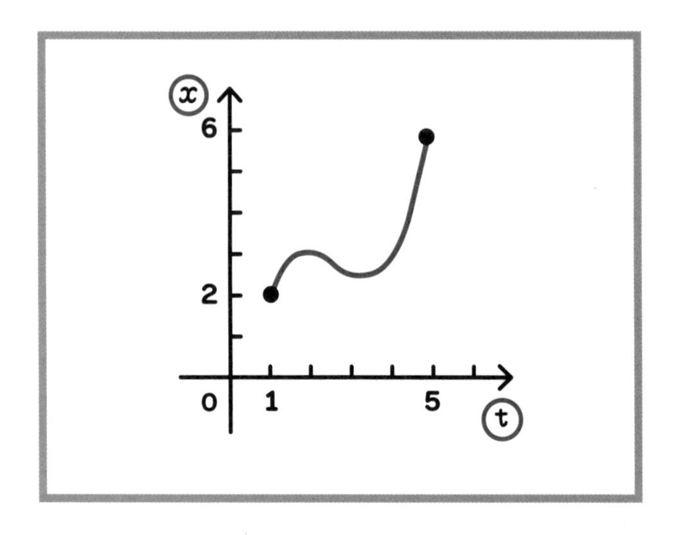

왠지 속이 울렁거릴 것 같은 모양이네요.

술을 마신 다음 날의 위라고 합시다(^^).

그러면 질문입니다. 초시계가 2초를 가리킬 때의 속도는 어떻게 될까요?

등속이 아니니까 앞에서 배운 계산 방법으로는 못 구하는 게 아닌가요?

그렇습니다! 함정에 안 걸리셨네요.

에리 씨가 말씀하셨듯이, 2초뿐만 아니라 3초나 4초를 가리킬 때의 속도도 지금까지의 계산 방법으로는 구할 수 없습니다.

그래서 이런 경우를 계산하기 위해 미분이 등장하지요!

오오!

다음 장으로 넘어가기 전에, 지금까지 배운 내용을 복습해 보겠습니다.

미적분을 이해하기 위해 중요한 것이 몇 가지 있었습니다. 무엇이었을까요?

으음, 함수하고 그래프요!

정답입니다!

그리고 이어서 기울기에 관해 공부했지요.

이것들을 이해한다면 다음 장부터 설명할 미분도 틀림없이 이해할 수 있을 겁니다.

그러면 이해도의 기울기(변화율)를 계속 유지하면서 다음 장으로 넘어갑시다!

제1장

미분이란 무엇인가?

미분이란 엄청나게 작은 변화를 보는 것

적당한 두 점을 고르면 단번에 해결!

앞 장의 마지막에 나왔던 그래프를 다시 한번 등장시키겠습니다. 등속이 아닐 경우에 2초를 가리킬 때나 4초를 가리킬 때와 같은 순간의 속도, 즉 '순간속도'를 어떻게 구해야 하느냐는 문제였지요.

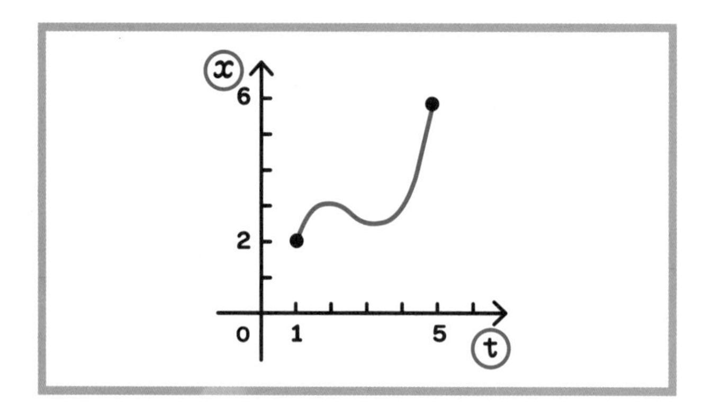

선이 너무 구불구불해서 이걸 제대로 계산할 수 있을 것 같지가 않아요.

직선의 경우는 선 위의 어떤 점을 잡더라도 기울기가 일정했지만, 곡선은 그렇지가 않지요.

그래서 미분이 등장하는 것입니다!

에리 씨, 먼저 선 위에 두 점을 적당히 잡아 보시기 바랍니다.

네? 왜 점을 두 개나 잡나요?

구하는 속도가 '순간속도'니까 한 점만 잡으면 되는 거 아닌가요?

두 수를 비교할 때 비로소 변화를 실감할 수 있다

에리 씨, 좋은 질문을 하셨습니다!

걷고 있을 때의 기울기(변화율)를 어떻게 구했는지 떠올려 보십시오. 점이 몇 개 있었지요?

두 개요!

그렇지요. 그때와 똑같습니다. 기울기(변화율)를 구할 경우는 설령 '순간속도'라고 해도 두 점을 잡아야 제대로 계산할 수 있는 것이지요.

다이어트를 할 때, 왜 몸무게를 재면서 기뻐하기도 하고 슬퍼하기도 하는 걸까요?

그야 그전에 잰 몸무게보다 줄어들었거나 늘어났으니까요!

그렇습니다. 이전에 잰 몸무게와 비교하기 때문이지요.

다이어트를 할 때의 몸무게 변화와 마찬가지로, 기울기를 구하려면 두 점이 반드시 필요하답니다.

아하! 그런 이유가 있었군요!

그러면 실제로 기울기를 구해 봅시다!

'평균속도'를 기호로 나타내어 보자

먼저 점 두 개를 아무렇게나 골라 보자

에리 씨, 어떤 위치든 상관없으니 그래프의 곡선 위에 점을 두 개 골라 주세요.

골랐어요! 이렇게 하면 되나요?

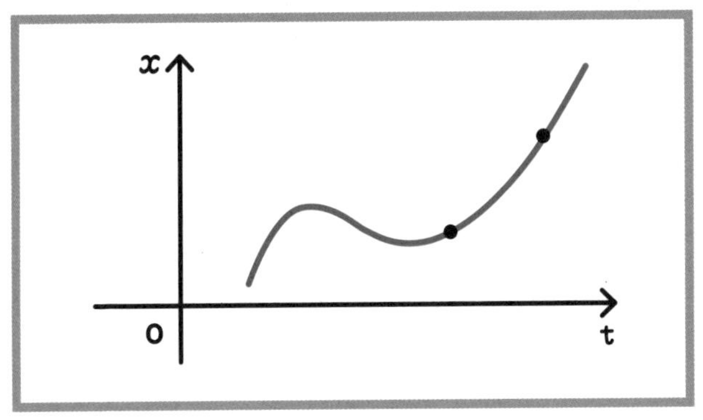

네, 잘 하셨습니다. 3초라든가 4초 같은 구체적인 수가 아니라 일반적으로 생각하기 위해 그 두 점을 t와 t+Δt라고 하겠습니다.

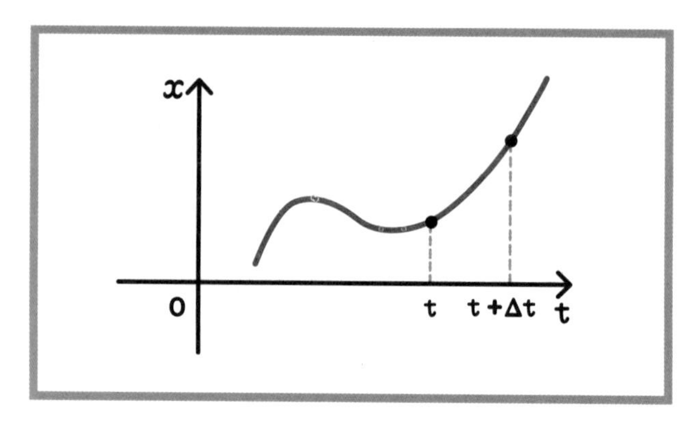

어? 'Δ'는 뭔가요?

앞에서 미적분에 새로 등장하는 기호는 리미트하고 인테그랄뿐이라고 하지 않으셨나요? 이야기가 다르잖아요! t+Δt라니, 뭐가 뭔지 하나도 모르겠어(ㅜㅜ).

Δ는 미적분에서 사용하는 기호라기보다 과학 같은 다른 과목에도 등장하는 조금은 일반적인 기호랍니다. 앞에서 이야기한 두 기호와 달리 Δ에는 명령의 의미가 없지요.

Δ도 의미만 이해하면 조금도 두려워할 필요가 없으니 안심하세요.

그러면 바로 설명해 드리지요.

t는 앞에서도 말씀드렸듯이 'time'의 t입니다.

그리고 Δ는 '변화'를 나타내는 기호로, '델타'라고 하지요.

Δ(델타)의 의미

Δx처럼 어떤 다른 문자와 함께 사용함으로써 그 문자가 의미하는 것의 '변화'를 나타낼 수 있답니다.

'변화'라는 게 정확히 어떤 건가요?

예를 들어서 x가 위치라면 Δx는 '위치의 변화'를 나타내고, t가 시간이라면 Δt는 '시간의 변화'를 나타냅니다. 그러니까 t+Δt는 't에서 Δt만큼 변화한 시점'이라는 의미이지요. 아까 수학에서는 곱셈 기호를 생략하고 쓸 수 있다고 말씀드렸지만, 여기에서 Δt는 절대 Δ×t라는 의미가 아닙니다. 문자 앞에 붙은 Δ는 '○○의 변화입니다'라고 알리는 '표시'일 뿐이지요.

에리 씨, 여기까지는 이해하셨나요?

그럭저럭요(진땀).

Δ가 '변화한 사실' 자체를 나타낸다는 말은, Δ3이나 Δ4처럼 Δ의 뒤에 구체적인 숫자가 붙는 경우는 없다는 뜻인가요?

네, 그렇습니다!

그렇다면 예를 들어서 "t=3일 경우 Δt는 Δ3이 되므로 3만큼 이동했음을 나타낸다"라고는 말할 수 없겠네요?

네, 제대로 이해하셨네요.

Δ는 어디까지나 y나 x, t 같은 문자와 한 세트로 사용합니다. 안 그러면 '○○의 변화입니다'라는 메시지가 되지 않으니까요.

그렇군요! Δ는 혼자만 따로 쓸 수도 없다는 말이네요.

Δ는 무엇인가와 한 세트가 되었을 때 비로소 기능하는 기호라고 생각해도 무방할 겁니다.

Δ(델타)

- **다른 문자(x, y, t, v 등)와 함께 사용한다**
- **뒤에 붙는 문자의 '변화한 양'을 나타낸다**

그러면 에리 씨, 이 점을 왜 '$t+\Delta t$'라고 표현했는지는 아시겠나요?

네? 어, 그게, 그러니까….

Δt는 't에서 진행된 시간'만을 나타냅니다. 그러니까 t에 Δt를 더해야 비로소 't에서 Δt만큼 지나간 시간'을 나타낼 수 있기 때문이지요.

아하, 그렇군요! 이해했어요!

그런데 에리 씨, 기울기를 계산하려면 무엇이 필요했지요?

이렇게 깜짝 퀴즈를….

으음…. (거리)÷(시간)이니까 $\frac{\text{(세로축의 변화)}}{\text{(가로축의 변화)}}$ 인가요?

정답입니다! 제대로 기억하고 계시네요!

그런데 세로축에는 x라고만 적혀 있지요?

그러고 보니 그러네요….

이래서는 아무리 기억력이 좋은 에리 씨라고 해도 세로축의 변화를 구할 수가 없겠지요?

네…, 어떻게 구해야 하나요?

'함수'의 그래프로서 생각한다

그래프가 그려져 있다는 말은 그 배경에 어떤 함수가 관여하고 있다는 의미입니다. 그러니 예를 들어서 이 그래프가 $x=f(t)$라는 그래프라고 가정해 보지요.

오랜만에 보는 기호인데, 기억하고 계신가요?

네, 물론이에요! 이런 것이지요?

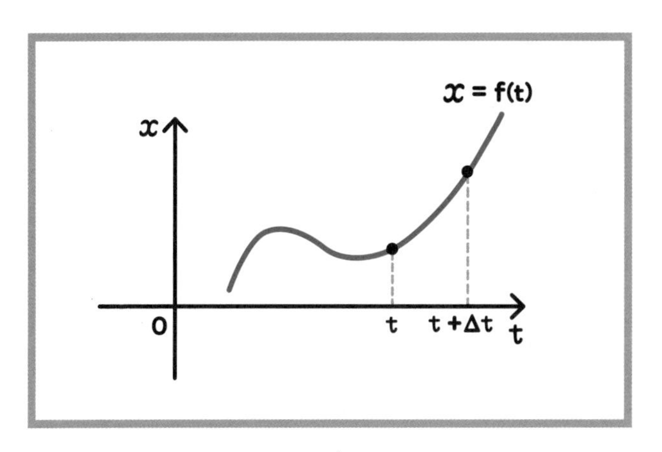

그렇습니다. 이 식을 번역하면 'f라는 상자에 t를 넣으면 x가 되어서 나온다'라는 의미가 되지요.

그러면 다시 질문입니다. 이 두 점의 세로축의 값은 어떻게 표현해야 할까요?

으음…. f(t)의 t에 그대로 대입하면 되니까, t의 세로축의 값은 f(t), t+Δt의 세로축의 값은 f(t+Δt)가 아닐까요?

정확합니다! 다음 그래프처럼 되지요.

이것으로 기울기를 구하기 위해 필요한 재료가 전부 갖춰졌군요. 기울기를 좀 더 쉽게 구하기 위해 두 점을 연결하는 직선을 그리겠습니다. 그러면 가로축과 세로축의 변화를 각각 어떻게 표현할 수 있을까요?

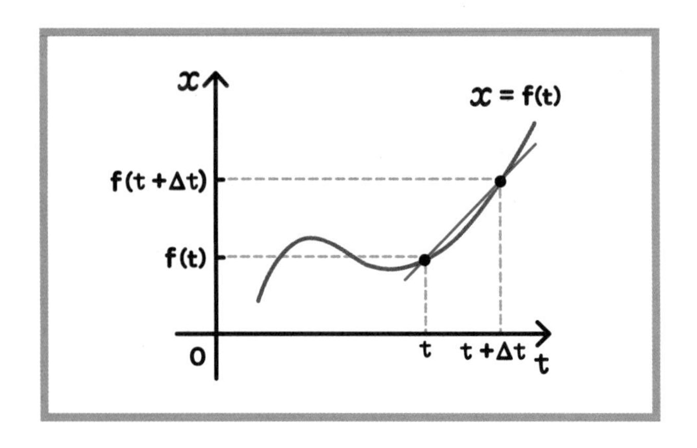

가로축은 $(t+\Delta t)-t$이니까 Δt.

세로축은 $f(t+\Delta t)-f(t)$? 모, 모르겠어요!

둘 다 맞혔습니다!

다음과 같이 생각해 보면 어떨까요? 가로축이 시간을 나타내는 t이고, 가로축의 변화가 Δt이지요? 그렇다면 세로축이 거리를 나타내는 x라고 했을 때 세로축의 변화는 어떻게 나타낼 수 있을까요?

Δx인가요?

맞습니다. 물론 Δx의 정체는 지금 살펴봤듯이 $f(t+\Delta t)-f(t)$이지만, 가로축의 변화를 Δt라고 간결하게 나타냈으니 세로축의 변화도 Δx라고 간결하게 나타내도록 하지요.

네, 알겠어요!

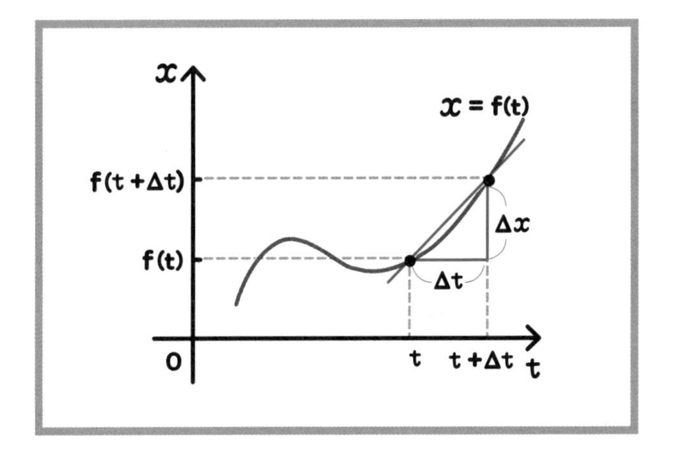

이제 정리하면, 가로축의 변화는 Δt, 세로축의 변화는 Δx이므로 기울기는 $\Delta x \div \Delta t$, 즉 $\frac{\Delta x}{\Delta t}$가 됩니다.

물론 Δx를 사용하지 않고 $f(t+\Delta t)-f(t)$를 사용해서 $\frac{f(t+\Delta t)-f(t)}{\Delta t}$로 표현해도 무방합니다. 이것으로 t와 $t+\Delta t$ 사이의 기울기를 구할 수 있지요. 그리고 이 두 점의 기울기를 '평균속도'라고 합니다.

어? 평균속도라는 말은 t와 $t+\Delta t$ 사이 속도의 '평균'이라는 뜻이잖아요?

네, 그렇습니다.

하지만 우리는 '순간속도'를 구하고 있던 게 아니었나요?

날카로운 질문입니다! 지금 계산한 것은 t와 $t+\Delta t$ 사이의 '평균'이므로 '순간속도'가 아닙니다.

그럼에도 굳이 계산한 이유는 이 계산이 '순간속도'를 계산하기 위해 꼭 필요한 준비 운동이기 때문이랍니다.

LESSON
3

'순간속도'는 '접선'으로 알 수 있다

'평균속도'를 '순간속도'로 바꾼다

이제 드디어 미분이 등장할 차례입니다!

네!(두근두근…)

그러면 '순간속도'를 구해 보겠습니다.

아까 에리 씨에게 t와 t+Δt라는 두 점을 고르게 했습니다.

그런데 t+Δt를 다음 페이지의 그림처럼 t에 한없이 가깝게 접근시킨다면 어떻게 될까요? 그러니까 Δt가 0에 한없이 가까워지도록 만든다는 말입니다.

기울기가 변…하나요?

그렇습니다!

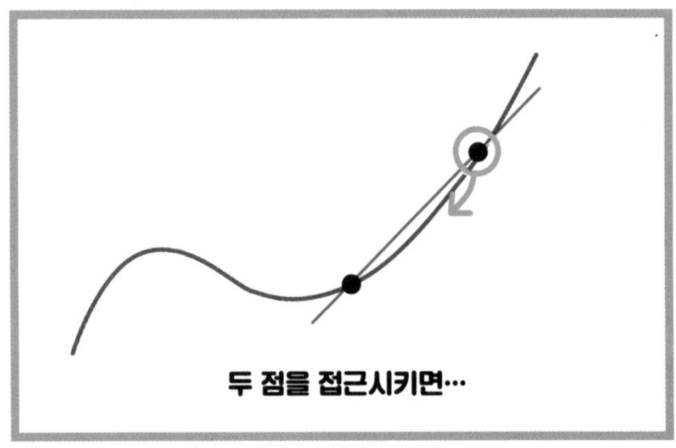

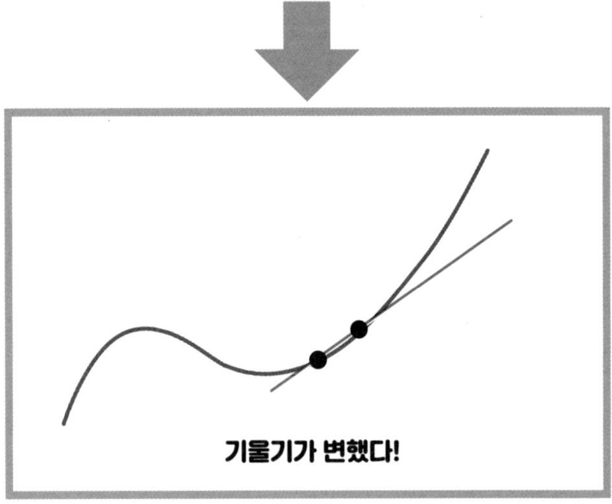

기울기가 변할 뿐만 아니라, 두 점의 폭이 좁은 편이 평균적인 변화폭도 작아질 것 같지 않나요?

듣고 보니 그러네요!
시험 점수가 50점인 사람과 70점인 사람이 있을 때의 평균값보다 60점과 61점인 사람이 있을 때의 평균값이 실제 값에 더 가까울 것 같아요!

바로 그겁니다.

두 점을 무한히 접근시켜서 순간속도를 만든다

그렇다면 두 점을 무한히 접근시킬 경우에는 어떻게 될까요?

왠지 기대했던 결과가 나올 것 같아요!

두 점을 '굉장히 가까이 접근'시키면 '순간속도'에 가까워질 것 같지 않나요?

눈으로 봐서는 알 수 없을 만큼 두 점을 가까이 접근시켜 보면 아래 그림처럼 된답니다.

어? 한 점이 되었어요!

사실 한 점은 아니지만, 두 점이 너무 가까워진 나머지 겹친 상태라고 생각해 주세요.

그 결과 두 점을 연결하고 있었던 직선이 곡선에 '접해 있는' 것처럼 보이게 되었지요? 이런 선을 '접선'이라고 부른답니다.

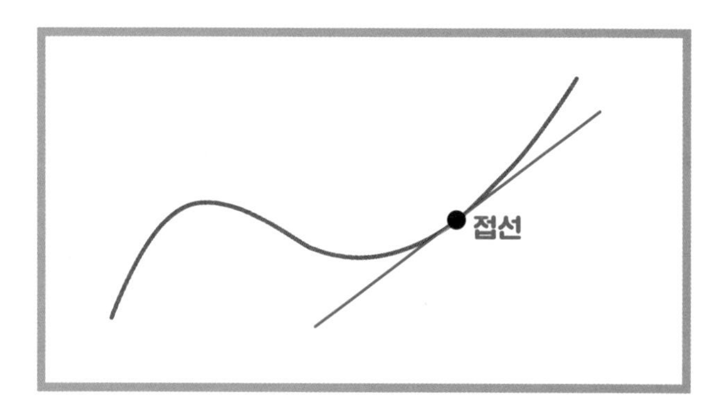

여기까지는 이해하셨나요?

네! 이해했어요!

그러면 계속 진행하겠습니다.

t+Δt를 t에 겹칠 정도로 가까이 접근시켰습니다. 이런 식으로 두 점을 '극한'까지 접근시킬 때, 미분에서는 'lim'이라는 기호를 사용합니다.

이제 겨우 Δt를 이해했다 싶었는데 또 새로운 기호가 (ㅜㅜ).

'lim'을 사용해서 순간속도를 계산한다

하하, 그렇게 울상 짓지 말고 먼저 제 설명을 들어 주세요.

'lim'은 'limit'의 준말로 '리미트'라고 읽습니다. 에리 씨도 아시다시피 한계라는 의미이지요. 앞에서 말씀드렸듯이, 리미트는 명령의 의미를 지니고 있습니다. 에리 씨의 '길 안내역'이지요.

'lim'은 '오른쪽의 식에 대해 명령대로 어떤 양을 어떤 값의 한계까지 접근시키시오'라는 의미의 기호입니다. 이

때 명령은 lim 기호 아래에 적지요. 예를 들어 x를 a에 한없이 접근시키고 싶다면 화살표를 사용해서 lim 기호 아래에 화살표를 사용해 $x \to a$라고 적습니다. 그러니까 이번처럼 Δt를 0에 한없이 접근시키고 싶을 때는 lim 아래에 $\Delta t \to 0$이라고 적으면 되지요.

그러므로 지금 우리가 생각하고 있는 접선의 기울기는 다음과 같이 적을 수 있습니다.

$$\lim_{\Delta t \to 0} \frac{\Delta x}{\Delta t} = \lim_{\Delta t \to 0} \frac{f(t+\Delta t) - f(t)}{\Delta t}$$

이것이 '순간속도'를 나타내는 식이지요. 오른쪽의 식은 Δx 대신 $f(t+\Delta t)-f(t)$를 사용한 것입니다.

왠지 퍼즐 게임의 암호 같아요(진땀).

그러면 그 암호를 함께 풀어 보도록 하지요!

먼저, lim가 어떤 의미였는지 기억하시나요?

그게…, '한없이 가깝게 접근시키시오!'였어요.

정확히 기억하고 계시네요!

그리고 lim라는 기호 아래에는 $\Delta t \to 0$이 적혀 있지요.

이것은 그러니까….

'Δt를 0에 한없이 가깝게 접근시키시오'라는 뜻인가요?

그렇습니다.

그렇다면 그 옆에 있는 $\frac{\Delta x}{\Delta t}$는 무엇일까요?

이 그래프의 기울기요.

그렇다는 말은, 'Δt를 0에 한없이 가깝게 접근시켰을 때의 $\frac{\Delta x}{\Delta t}$'가 순간속도를 나타내는 식이라는 뜻인가요?

정답입니다! 아주 훌륭해요!

lim의 수식은 간략화할 수 있다

참고로, 지금 해석한 수식을 좀 더 단순하게 표현하는 방법도 있습니다.

더 짧게 표현하면 보기에도 편하고 혼란도 방지할 수 있지요. 다음과 같이 간략하게 적을 수 있답니다.

$$\lim_{\Delta t \to 0} \frac{\Delta x}{\Delta t} = \frac{dx}{dt}$$

이것은 'x를 t로 미분한다'라고 읽습니다.

번역하자면 'x의 엄청나게 작은 변화를 t의 엄청나게 작은 변화로 나눈다'가 되지요. 그러니까 굳이 $\Delta t \to 0$이라든가 lim 같은 기호를 적지 않아도 된답니다.

아하!

영어에서 as soon as possible을 ASAP로 줄이는 것과 비슷하네요!

참신한 생각이군요!

'의미가 같은 것을 짧게 줄여서 말한다'라는 점에서는 일맥상통할지도 모르겠네요.

그런데 $\frac{dx}{dt}$의 d에는 어떤 의미가 있나요?

d는 'difference'의 머리글자인데, Δ와 마찬가지로 '변화'를 나타내는 기호입니다. 다만 Δ는 '유한한 변화를 나타내는 기호'이고 d는 '무한히 작은 변화를 나타내는 기호'이지요. Δ일 때와 마찬가지로 오른쪽에 있는 문자와 한 세트로 사용하는 기호이기 때문에 $\frac{dx}{dt}$를 d로 약분해 $\frac{dx}{dt}=\frac{x}{t}$로 쓸 수는 없답니다.

그렇군요!

다쿠미 선생님께서 "미분이란 작은 것을 현미경으로 보는 것과 같다"라고 말씀하셨던 이유는 '작은 것을 조사한다'는 점에서 똑같기 때문이었네요!

그렇습니다.

이제 미분의 본질을 제대로 이해하기 시작한 것 같군요!

그러면 실제로 문제를 풀어 봅시다!

미분의 연습 문제 ①

$y = 6x$를 미분하시오

윽! 시작부터 전혀 모르겠어요….

갑자기 문제를 내서 놀라셨나요?

아, 네….

지금까지 배운 것들을 어떻게 활용해야 할지 감도 안 잡혀요.

걱정 마세요!

제가 가르쳐 드린 것들을 이용하면 충분히 풀 수 있답니다. 먼저 문제의 의미부터 함께 생각해 보도록 하지요!

네!

먼저, $y=6x$를 그래프로 그려 보겠습니다. 그러니까 고등학교 수학식으로 말하면 $f(x)=6x$라고 했을 때 $y=f(x)$의 그래프를 그리는 것이지요.

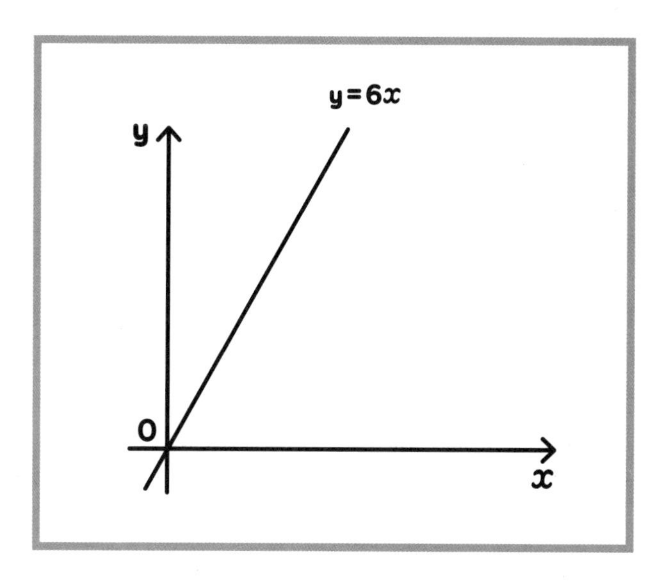

그러면 위의 그림처럼 오른쪽 위를 향해서 뻗어 나가는 그래프임을 알 수 있습니다.

에리 씨, 여기까지는 이해가 되나요?

아, 네!

노파심에서 복습을 겸해 질문을 하나 드리겠습니다.

앞의 그래프처럼 가로축을 x, 세로축을 y라고 할 경우, 가로축이 x의 값을 나타낸다면 세로축의 값은 어떤 식으로 나타낼 수 있을까요?

음…. $y=6x$라는 그래프니까, 가로축이 x일 때 세로축은 $6x$예요!

정답입니다!

그렇다면 x에서 Δx만큼 이동한 점은 어떻게 표현할 수 있을까요?

$x+\Delta x$인가요?

네, 그렇습니다!

그렇다면 가로축의 점이 $x+\Delta x$인 위치에 있을 경우 세로축은 어떻게 될까요?

$f(x)=6x$의 x부분에 $x+\Delta x$를 대입하면 $f(x+\Delta x)=6(x+\Delta x)$이니까, 세로축의 값은 $6(x+\Delta x)$인가요?

훌륭합니다! 더할 나위 없는 대답이네요.

지금 에리 씨가 대답하신 내용을 그래프에 정리하면 다음과 같습니다.

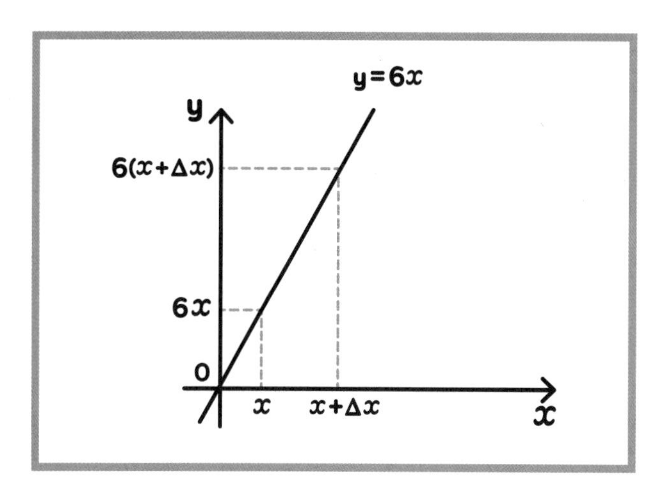

오! 이렇게 그래프에 정리해 놓으니 풀 수 있을 것 같은 기분이 들어요!

그러면 다시 한번 문제를 살펴보지요.

$y=6x$를 미분하라는 문제였지요. 미분은 작은 무엇을 보는 것이었나요? 두 글자로 대답하면….

'변화'요!

그렇습니다. 그러면 이 문제의 경우 어떤 것의 변화를 봐야 할까요?

혹시 $x+\Delta x$와 x 사이의 변화인가요?

바로 그렇습니다!

다만 '$y=6x$를 미분하시오'이므로 x와 y, 양쪽의 변화를 살펴봅니다.

앞에서 "세로축의 엄청나게 작은 변화를 가로축의 엄청나게 작은 변화로 나눈다"라는 이야기를 했었지요? 그 때와 마찬가지로 세로축의 변화를 가로축의 변화로 나눌 경우, 어떻게 표현할 수 있을까요?

$\frac{\Delta y}{\Delta x}$ 인가요?

그렇습니다. Δx를 0에 한없이 가깝게 접근시키니까, lim을 사용하면 $\lim_{\Delta x \to 0} \frac{\Delta y}{\Delta x}$ 로 나타낼 수 있지요.

그렇다면 Δy는 구체적으로 어떻게 나타낼 수 있을까요?

변화를 생각하면 되니까 $6(x+\Delta x)-6x$인가요?

에리 씨, 아주 좋습니다! 그러면 식으로 나타내 보지요.

$$\frac{dy}{dx} = \lim_{\Delta x \to 0} \frac{\Delta y}{\Delta x} = \lim_{\Delta x \to 0} \frac{6(x+\Delta x)-6x}{\Delta x}$$

이런 식으로 적을 수 있답니다.

그러면 즉시 6을 분배하고 계산을 계속해 봅시다!

$$\frac{dy}{dx} = \lim_{\Delta x \to 0} \frac{6x+6\Delta x-6x}{\Delta x}$$

이 다음은 어떻게 될까요?

$6x$가 없어지니까 이렇게 되지 않을까요?

$$\frac{dy}{dx} = \lim_{\Delta x \to 0} \frac{6\Delta x}{\Delta x}$$

좋습니다! 이번에도 다시 한번 식을 잘 살펴보시기 바랍니다. 분자와 분모에 공통되는 것이 있지 않나요?

Δx요!

그 말은 Δx를 다음과 같이 약분할 수 있다는 뜻이지요.

$$\frac{dy}{dx} = \lim_{\Delta x \to 0} \frac{6\cancel{\Delta x}}{\cancel{\Delta x}}$$

그러므로, 답은….

$$\frac{dy}{dx} = 6$$

6이 되었네요!

네, 이것이 답이랍니다!

야호! 풀었다! 그런데 답이 6이라는 건 그럭저럭 이해가 되는데, 왜 마지막에 $\lim_{\Delta x \to 0}$가 없어지는 건가요?

좋은 질문입니다. $\lim_{\Delta x \to 0}$는 어떨 때 쓰는 기호였던가요?

그게, 오른쪽에 있는 식의 Δx를 0에 최대한 접근시킬 때요.

맞습니다. 그런데 앞에서 약분을 한 결과 Δx가 없어졌지요. 그래서 남겨 놓을 필요가 없어진 것이랍니다.

아하! 그런 것이었군요! 그렇다면 이 결과는 어떻게 해

석해야 할까요?

미분이란 순간의 기울기를 조사하는 것이었으니까, $\frac{dy}{dx}$=6이라는 결과는 '어떤 순간에든 기울기는 6이다'라는 의미입니다.

'어떤 순간에든'이라는 말을 들으니 왠지 미분을 한 보람이 없어지는 느낌이네요.

그렇기는 합니다(^^). 만약 미분을 한 결과에 x가 들어가 있다면 장소에 따라 기울기가 달라진다는 의미이겠지요? 이번에는 그런 문제를 풀어 보도록 하겠습니다!

미분의 연습 문제 ②

$y = \frac{1}{2}x^2$을 미분하시오

꺅, 제곱이 나왔네!

이번에는 제곱이 있어서 조금 어렵게 느껴질지도 모르지만, 지금의 에리 씨라면 반드시 풀 수 있습니다. 차분하게 생각해 보세요!

노력해 볼게요!

으음…, 제곱의 함수는 포물선의 그래프가 되었던가?

맞습니다! 기억하고 계시네요!

그러면 가로축이 x, 세로축이 y인 그래프를 그려 보세요.

네!

이렇게 그리면 될까요?

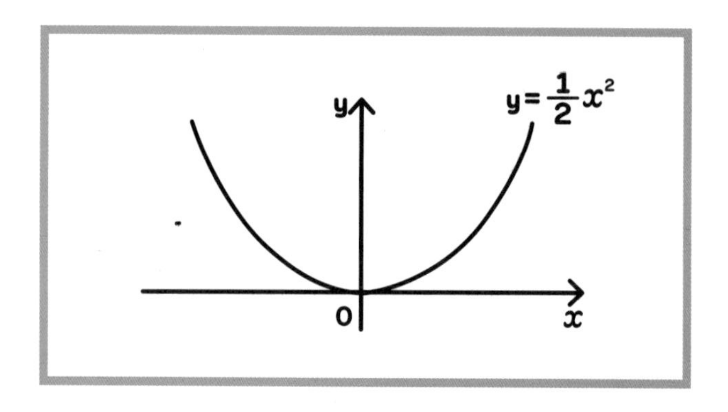

그렇습니다. 가로축의 값이 x일 때 y는 $\frac{1}{2}x^2$이 되지요. 그렇다면 x가 $x+\Delta x$일 경우 y의 값은 어떻게 될까요?

잠시만 생각할 시간을 주세요. 가로축이 $x+\Delta x$이고, 이것을 $y=\frac{1}{2}x^2$이라는 수식의 x 부분에 대입하면…. $\frac{1}{2}(x+\Delta x)^2$인가요?

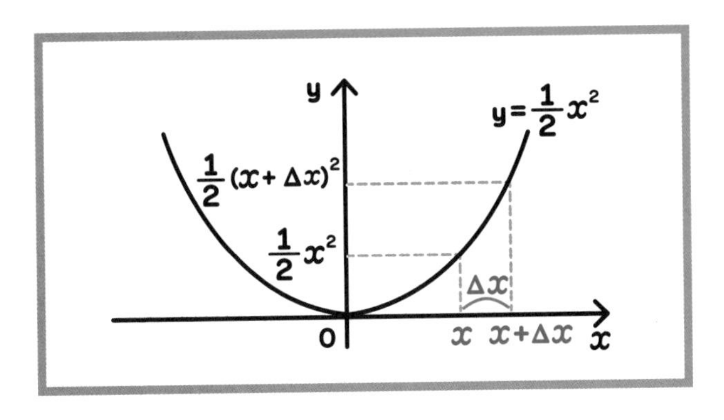

정답입니다! 지금까지는 아주 좋네요.

그러면 즉시 계산해 봅시다!

네! 시작은 이렇지요?

$$\frac{dy}{dx}=\lim_{\Delta x\to 0}\frac{\frac{1}{2}(x+\Delta x)^2-\frac{1}{2}x^2}{\Delta x}$$

그렇습니다. $(x+\Delta x)^2$은 어떻게 계산해야 할까요?

그게, $(x+\Delta x)^2$은 풀어 쓰면 $(x+\Delta x)(x+\Delta x)$잖아요? 그러니까 왼쪽의 x하고 Δx를 순서대로 곱해 나가면….

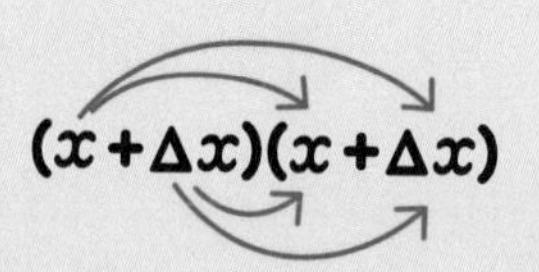

$$= x^2 + x\Delta x + x\Delta x + (\Delta x)^2$$
$$= x^2 + 2x\Delta x + (\Delta x)^2$$

맞나요?

정확합니다!

그 결과를 앞의 식에 넣어 보세요.

이렇게 되나요?

$$\frac{dy}{dx} = \lim_{\Delta x \to 0} \frac{\frac{1}{2}\left\{x^2 + 2x\Delta x + (\Delta x)^2\right\} - \frac{1}{2}x^2}{\Delta x}$$

맞습니다. 그다음에는요?

으음, $\frac{1}{2}$을 분배해서…. 이렇게 되나요?

$$\frac{dy}{dx} = \lim_{\Delta x \to 0} \frac{\frac{1}{2}x^2 + x\Delta x + \frac{1}{2}(\Delta x)^2 - \frac{1}{2}x^2}{\Delta x}$$

$$= \lim_{\Delta x \to 0} \frac{x\Delta x + \frac{1}{2}(\Delta x)^2}{\Delta x}$$

여기까지는 순조롭네요. 그다음에는 어떻게 해야 할까요?

연습 문제 ①에서는 분모와 분자에 있는 Δx를 약분했어요. 그러니까 이번에도 약분을 해서….

$$\frac{dy}{dx} = \lim_{\Delta x \to 0}\left(x + \frac{1}{2}\Delta x\right)$$

어라? 이 다음에는 어떻게 해야 하지?

여기에서 사용한 lim의 의미는 무엇이었지요?

'Δx를 0에 한없이 접근시키시오'였어요.

그렇습니다. 그러니 위의 수식에 있는 Δx를 0으로 치환해 보지요.

그렇다는 건….

$$\frac{dy}{dx} = \lim_{\Delta x \to 0} \left(x + \frac{1}{2}\Delta x \right)$$
$$= x + \frac{1}{2} \times 0$$
$$= x$$

다시 말해 $x+0$이 되니까, x가 답인 건가요?

축하합니다! 정답입니다! 사실은 이 문제와 거의 같은 문제가 대학 입학시험에 출제된 적이 있었답니다.

그 말은, 이 문제를 풀 수 있으면 합격인 건가요?

네, 미분에 관해서는 거의 합격이라고 해도 무방하지요.

야호! 그나저나, 미분 문제는 기호가 많이 나오는 것 치

고는 꽤 쉽게 풀 수 있네요.

그렇습니다. 그래서 제가 HOME ROOM에서 "초등학생도 풀 수 있다"라고 말했던 것이지요.

왠지 미분이 재미있어졌어요!

미분의 연습 문제 ③

$y = x^3$을 미분하시오

미분이 조금 재미있어지기는 했지만, 세제곱의 미분 계산은 제 실력으로 무리예요!

겁먹을 필요 없습니다. 여기까지 공부했으면 제곱이든 세제곱이든 똑같거든요.

$y=x^3$을 그래프로 나타내면 다음과 같습니다.

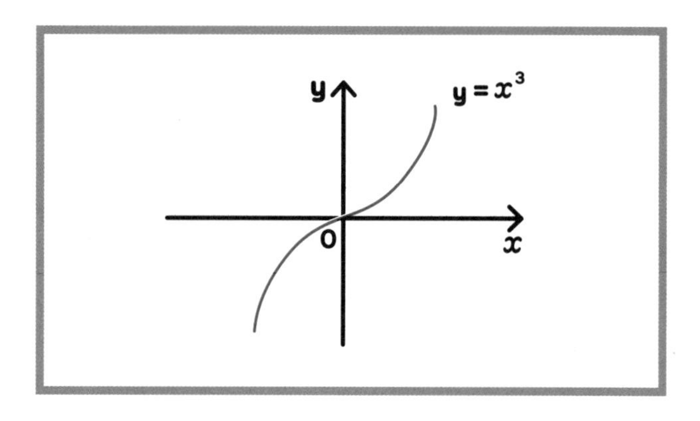

세제곱의 계산은 제가 도와드리겠습니다. 수험생의 경우 대부분 세제곱의 계산 공식을 외워서 풀지만, 에리 씨에게는 본질을 이해할 수 있도록 알기 쉽게 가르쳐 드리지요.

먼저 $(a+b)^3$이라는 것은 $(a+b)$를 세 번 곱하라는 의미입니다. 여기까지는 문제없지요?

네, 문제없어요!

하지만 그대로 세 번을 곱하려면 계산이 복잡해질 뿐만 아니라 신중함도 요구됩니다. 그래서 좀 더 쉽게 계산할 수 있는 방법을 소개하겠습니다. 세 번을 곱하는 것이 아니라 한 번과 두 번 곱하기 대작전이지요!

한 번과 두 번 곱하기 대작전이요?

$(a+b)^3$을 $(a+b)\times(a+b)^2$으로 바꿔서 계산하는 방법이지요. 에리 씨, 제곱의 계산은 할 수 있지요?

아마도요(진땀).

그러면 잠깐 계산해 보지요.

$(a+b)^2$을 계산하면 어떻게 될까요?

으음, $(a+b)\times(a+b)$를 계산하면 되니까….

$$(a+b)^2 = a^2 + ab + ba + b^2$$
$$= a^2 + 2ab + b^2$$

이렇게 하면 되나요?

그렇습니다. 그러면 이제 여기에 $(a+b)$를 곱해 보지요.

$(a+b)\times(a^2+2ab+b^2)$을 계산하라는 말이군요.

으음, a하고 b를 각각 곱해서…

$$(a+b)(a^2+2ab+b^2)$$
$$= a^3 + 2a^2b + ab^2 + a^2b + 2ab^2 + b^3$$
$$= a^3 + 3a^2b + 3ab^2 + b^3$$

정확합니다! 여기까지 왔다면 문제없이 풀 수 있습니다!

그러면 $\frac{dy}{dx}$ 를 계산해 보지요.

네, 알겠어요!

$$\frac{dy}{dx} = \lim_{\Delta x \to 0} \frac{(x+\Delta x)^3 - x^3}{\Delta x}$$

$$= \lim_{\Delta x \to 0} \frac{x^3 + 3x^2\Delta x + 3x(\Delta x)^2 + (\Delta x)^3 - x^3}{\Delta x}$$

$$= \lim_{\Delta x \to 0} \frac{3x^2\Delta x + 3x(\Delta x)^2 + (\Delta x)^3}{\Delta x}$$

$$= \lim_{\Delta x \to 0} \{3x^2 + 3x\Delta x + (\Delta x)^2\}$$

$$= 3x^2$$

에리 씨, 합격입니다!

야호! 그런데, 세제곱의 미분 문제를 풀고 나니 말로 표현하기 힘든 상쾌함과 성취감이 느껴지네요!

혹시 이제 저도 대학교 입학시험에 도전할 수 있게 된 건가요?

그렇습니다. 적어도 계산 문제에 관해서는 대학교 입학

시험의 입구에 섰다고 생각합니다.

그건 정말 기쁘네요!

참고로 가르쳐 드리면, 사실은 미분 계산 문제를 쉽게 풀 수 있는 방법도 있답니다.

네? 정말인가요?

다음과 같은 방법이지요.

x^n을 미분하면 nx^{n-1}이 된다

nx^{n-1}이라니, 이건 뭔가요?

실제로 수를 넣어서 계산해 보는 편이 이해하기 쉬울 겁니다. x^3을 미분하면 어떻게 될까요?

x^n을 미분하면 nx^{n-1}이 된다고 했지요? 그렇다면 x^3은

$3x^{3-1}$이 되니까, $3x^2$이 답인가요?

정답입니다! x를 미분하면 어떻게 될까요?

으음…, x는 x^1이니까, 1이 내려와서 $1x^0$…. 어? x^0은 어떻게 해야 하나요?

어떤 수의 0제곱은 1이니까, x^0은 1이 됩니다. 그렇다면 x의 미분은 1이 되겠지요?

아하! 이제 알겠어요!

그리고 $6x$ 등을 미분하기 위해 이 공식을 사용할 때는 x 앞에 붙어 있는 6을 일단 무시해도 됩니다. 다시 말해, $6x$의 x 부분에만 이 공식을 적용하면 $1x^0$이니까 1이 됩니다. 그런 다음 일단 무시했던 6을 곱해 주지요. 그러면 6×1로 6이 되니까 앞에서 계산했던 결과와 같아진답니다.

예시를 한 가지만 더 들어 주세요!

네, 그러지요. 그러면 연습 문제로 풀었던 $\frac{1}{2}x^2$을 예로 들어 보겠습니다. 먼저 $\frac{1}{2}$은 일단 무시합니다. 그리고 x^2에 대해 앞에서 가르쳐 드린 공식을 사용하면 $2x$가 되지요. 그런 다음 마지막으로 앞에서 무시했던 $\frac{1}{2}$을 곱하면 $\frac{1}{2} \times 2x$니까 x가 된답니다.

우와! 이렇게 쉽게 풀 수 있었다니! 왜 처음부터 이 특별한 공식을 가르쳐 주지 않으신 건가요? 이 공식을 알았다면 쉽게 풀 수 있었을 텐데!

사실 미분의 계산 자체는 간단하답니다. 다만 과거 대학 입학시험에서 연습 문제 ②와 비슷한 문제의 '계산 과정'을 보여주고 빈칸을 채우라는 문제가 출제된 적이 있습니다. 다시 말해 미분의 의미 자체를 묻는 문제였지요.

그런데 수많은 수험생이 이 문제를 풀지 못했습니다. 그때까지 미분 문제를 공식에 대입해서 풀기만 했던 까닭에 계산 과정을 몰랐던 것이지요. 당연히 정답률은 낮았습니다.

그래서 의미를 제대로 이해한 상태에서 미분 계산을 할

수 있도록 힘을 키워 드려야겠다고 생각해서 일부러 마지막에 소개한 것입니다.

다쿠미 선생님의 사랑의 채찍 같은 것이었군요!

세상에서는 미분을 어떻게 사용하고 있을까?

주가 분석에도 미분이 사용되고 있다

HOME ROOM에서 미분이 홈런의 추정 비거리를 계산하는 데 사용된다는 이야기를 했었지요. 이제 미분에 대한 이해가 깊어졌으니 좀 더 전문적인 활용 사례를 소개해 드리고 이 장을 마무리하도록 하겠습니다.

잘 부탁드려요!

사실 주가 분석에도 미분이 사용되고 있습니다. 예를 들어 다음과 같은 주가 그래프가 있다고 가정해 보겠습니다.

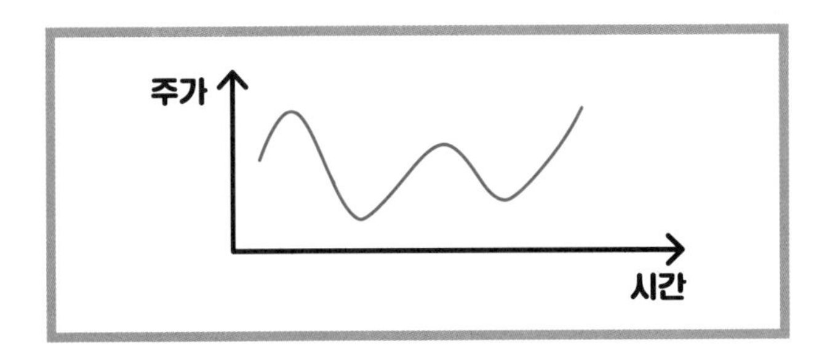

가로축이 시간, 세로축이 주가입니다.

그림처럼 일정 시간 동안 주가를 측정해서 그래프로 만듭니다. 그리고 그래프의 변화를 바탕으로 주가를 분석하지요.

설마 수많은 점(주가)을 하나하나 살펴봐야 하는 건가요? 그런 식이라면 정신이 아득해질 것 같은데….

에리 씨의 말씀처럼 모든 점을 추적하는 것은 도저히 무리지요. 그래서 사용하는 것이….

혹시 미분인가요?

정답입니다!

모든 점의 변화를 추적하려면 작업량이 방대해지지요. 그래서 점을 몇 개 추출해서 변화를 조사하고 그 결과를 바탕으로 주가가 상승 기조에 있는지 하락 기조에 있는지, 혹은 어떤 타이밍에 정점을 찍거나 바닥을 칠지 분석한답니다.

와…, 그렇게 하면 굉장히 효율적이겠네요!
그런데 추출하는 위치는 어떻게 결정하나요?

그래프가 급격히 상승하거나 하락하는 위치는 당연하고, 또 다른 중요 포인트로 '제로 지점'이라는 것이 있습니다.

제, 제로 지점이요?

주가의 분석에는 반드시 '제로 지점'이 필요하다

미분에서 답이 0이 될 때를 상상해 보십시오. 미분에서 답이 0이라는 건 접선의 기울기가 0이라는 뜻이지요?

이 그래프에서는 어떤 부분이 그럴까요?

으음, 예를 들면 여기하고 여기가 아닐까요?

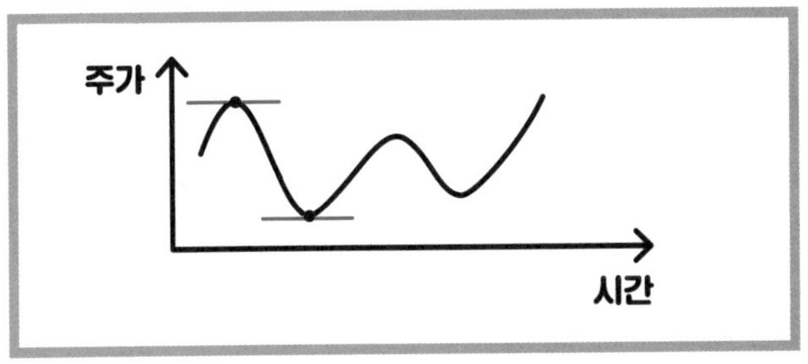

정답입니다! 훌륭하네요.

그 두 곳은 바로 산과 골짜기의 정점에 해당하지요. 참고로, 수학적으로는 높은 산의 정점인 곳을 '극대', 깊은 골짜기의 정점인 곳을 '극소'라고 한답니다.

아하, 그 '주변에서의 최대와 최소'라는 말이군요. 그런데 그 지점과 변화를 구하는 것이 주가와 무슨 관계가 있나요?

가령 주가 데이터를 전부 추적하지 않더라도 그 미분, 그러니까 접선의 기울기를 보면 그 값이 제로가 된 순

간이 주가의 천장이나 바닥임을 알 수 있지요. 은행이 나 증권사 같은 금융 기관에서 일하는 사람들은 매일 그런 변화를 추적하면서 거래를 한납니다. 과거의 데이터나 최신 데이터를 바탕으로 그런 중요한 지점의 경향을 분석해서 예측에 활용하지요.

그렇다면 전문가가 아닌 평범한 사람도 그런 식으로 꾸준히 계산하면 금융 기관에 다니는 사람들과 똑같이 주가를 예측할 수 있게 될지도 모르겠네요?

그렇게 쉽지는 않겠지만, 주식 공부를 열심히 하다 보면 반드시 이 '미분'의 개념과 만나게 됩니다. 어쨌든, 제가 한 이야기의 결론은 요소요소에 대해서 미분을 사용하면 주가의 경향을 어느 정도 파악하거나 미래를 예측할 수 있다는 것입니다.

주가 차트에도 미분이 사용되고 있는 줄은 전혀 몰랐어요! 세상 곳곳에서 이렇게 미분이 사용되고 있었다니 놀랍네요!

네. 금융 기관에는 고도의 수학·물리학 지식을 활용해서 시장의 동향을 예측, 분석하거나 금융 상품을 개발하는 등의 일을 하는 '퀀츠(Quants)'*라는 전문직이 있답니다. 제 대학교와 대학원 동기 중에도 퀀츠가 된 친구가 많이 있지요.

에리 씨, 이제 미분이 이전보다 좀 더 가깝게 느껴지시나요?

네! 상당히 가깝게 느껴지게 되었어요!

그러면 마지막으로 현실 문제에 대해 미분을 사용할 때의 프로세스를 정리해 보겠습니다. 미분은 주가 분석 이외에도 많은 곳에서 활용되고 있지요.

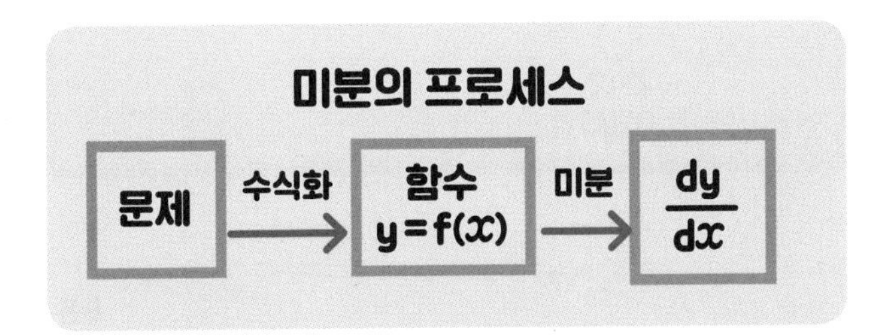

먼저 무엇인가 해결하고자 하는 '문제'를 수식화해서 '함

수'로 만듭니다. 그리고 그 함수를 '미분'한 다음, 그 값을 조사해 분석하지요. 변화에는 중요한 정보가 가득 담겨 있거든요.

뭔가 굉장히 멋있어 보여요!

미분에 대한 해설은 이것으로 끝입니다. 다음 장에서는 적분에 관해 설명해 드리도록 하지요!

※ 'Quantitative(수량적, 정량적)'에서 파생된 용어

제2장

적분이란 무엇인가?

속도가 일정하지 않을 때 적분이 활약한다

등속이 아닐 때, 거리는 어떻게 구해야 할까?

실제로 미분 문제를 풀어 보니 어땠나요?

생각했던 것보다 쉽게 풀려서 깜짝 놀랐어요!

그거 다행이네요!

미분을 이해했으니 적분도 틀림없이 이해할 수 있을 겁니다!

뭐랄까, 전보다 미적분이 무섭지 않게 되었어요!

좋은 현상입니다! 그러면 그 기세를 몰아서 곧바로 적분에 대해 공부해 보도록 하지요!

이전에 제가 '(거리)=(넓이)'라고 말씀드렸던 것을 기억하시나요?

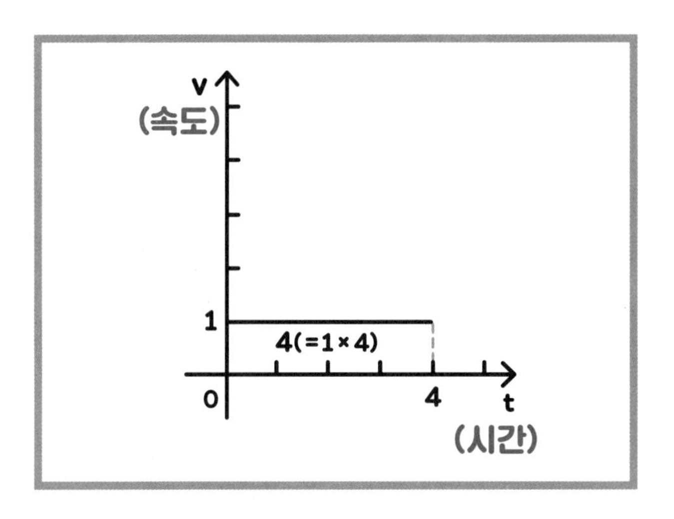

속도가 등속일 경우, '(속도)×(시간)'으로 거리를 구할 수 있습니다.

그림처럼 직사각형이 되기 때문에 어렵지 않게 넓이를 구할 수 있었지요. 여기까지는 이해하시나요?

네, 이해했어요!

그런데 속도가 등속이 아니게 된 순간 기존의 '거속시' 공식을 사용할 수 없게 됩니다.
그래서 등장하는 것이 바로 적분이지요!

'거속시'를 대신할 새로운 스타의 등장이군요!

그래프가 직사각형이 아니어도 넓이를 구할 수 있다!

등속이 아닐 경우의 계산 방법에 관해 생각해 보도록 하지요. 미분에서는 에리 씨가 걷는 속도 등을 바탕으로 그래프를 그렸는데, 적분에서는 에리 씨가 자동차를 운전하고 있는 경우를 예로 들어 보겠습니다.
다음 그림은 자동차의 속도와 거리의 수치를 바탕으로 그린 그래프입니다. 가로축은 t(시간)이고, 세로축은 v(속도)이지요. 그래프처럼 속도가 변화할 경우, a초부터 b초까지 자동차가 나아간 거리는 어떻게 될지 생각해 보도록 하겠습니다.

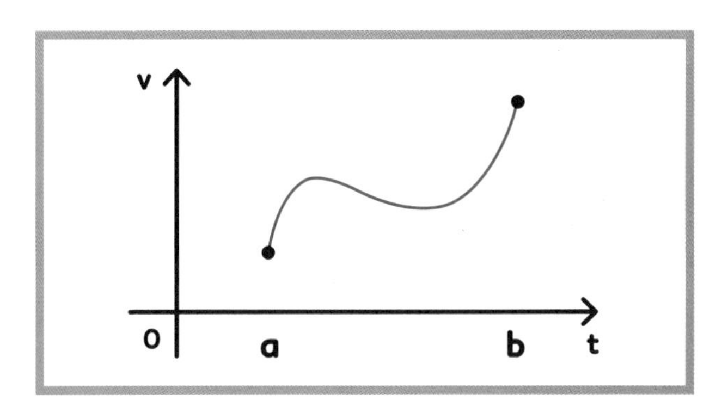

으음, 선이 굉장히 구불구불하네요.

네, 이렇게 구불구불한 그래프의 넓이를 구할 때 적분이 활약하게 됩니다.

다음의 그림처럼 선에 둘러싸인 부분을 구해 보겠습니다.

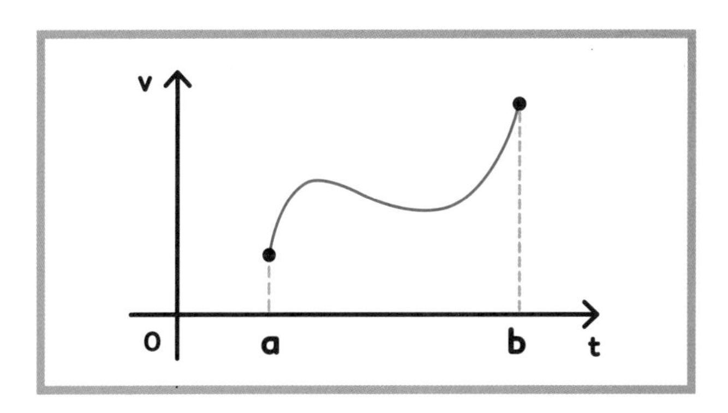

그림만 봐도 눈앞이 캄캄해지네요. 어떻게 해야 넓이를 구할 수 있을지 감도 잡히지 않아요(ㅜㅜ).
이럴 때 쉽게 풀 수 있는 편한 계산 방법은 없나요?

안타깝게도 이런 구불구불한 모양의 넓이를 쉽게 구할 수 있는 공식은 없답니다.

네? 다쿠미 선생님은 수학의 마술사가 아니셨나요?

원이라든가 타원, 사다리꼴의 경우는 어떻게든 궁리를 하면 구할 방법이 있지만, 이런 혼란스러운 상태는 저로서도 어찌할 도리가 없답니다.

그렇다면 넓이를 구하기 위해서는 제가 일정한 속도로 운전하는 수밖에 없는 건가요?

물론 그렇지는 않습니다(^^)! 에리 씨도 사람인 이상, 잠시 다른 곳에 들르고 싶을 때도 있을 것이고 느리게 운전할 때도 있을 수밖에 없지요. 그러니 이 구불구불한 형태의 넓이를 구하기 위한 무기를 전수해 드리겠습니다.

정말인가요? 저도 활용할 수 있는 무기였으면 좋겠네요!

LESSON 2

구하고자 하는 넓이 속에 '길쭉한 직사각형'을 그려 본다

구불구불한 모양을 '직사각형'으로 만들어서 구한다

먼저, 어떻게 해야 이 구불구불한 모양의 넓이를 구할 수 있을지 함께 궁리해 보도록 합시다.

으음, 공식은 없다고 하셨지요?

네. 공식이 없기 때문에 방법을 궁리할 필요가 있지요. 처음에 봤던 그래프의 경우는 넓이를 구할 수 있었지요? 그 방법을 사용하면 어떻게 될까요?

으음…. 그래프의 모양에 가까운 직사각형으로 바꿔서 생각해 본다든가?

훌륭한 발상입니다! 절반 정도는 맞히셨네요. 자, 우리는 직사각형처럼 정형적인 형태에 대해서는 넓이를 구할 수 있습니다. 그렇다면 구하고자 하는 넓이의 내부를 최대한 직사각형으로 채우는 방법은 어떨까요? 가령 구불구불한 모양의 호수라면 그 위에 직사각형의 타일을 촘촘하게 까는 식이지요.
그러니 이 그래프 속에 최대한 많은 직사각형을 그려 보시기 바랍니다. 조금은 그래프 밖으로 삐져나와도 상관이 없으니, 모든 직사각형의 왼쪽 위의 꼭짓점이 그래프의 선에 닿도록 그려 주세요.

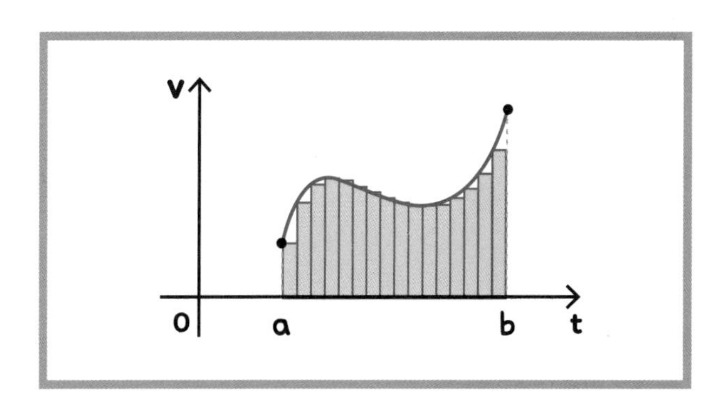

네. 이렇게 하면 되나요?

아주 잘하셨습니다!

그러면 지금부터 넓이를 구해 보겠습니다. 시험 삼아서 이 가운데 직사각형을 한 개만 빼내 보지요.

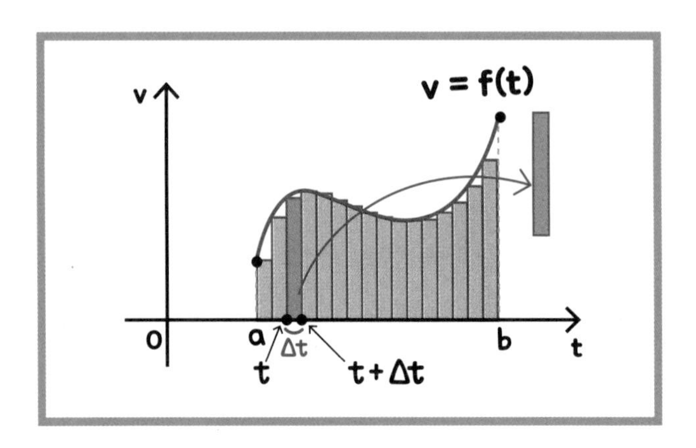

이 직사각형들의 가로의 길이는 전부 Δt라고 하겠습니다.

가로에서 왼쪽 끝이 t이고 오른쪽 끝이 t+Δt니까, 그 차이인 (t+Δt)−t=Δt가 폭이라고 생각하면 되나요?

그렇습니다!

함수를 보면 높이를 알 수 있다

그렇다면 직사각형의 높이(세로축)는 어떤 식으로 나타낼 수 있을까요? 참고로 이 그래프는 $v=f(t)$의 그래프라고 가정하겠습니다.

미분에서는 가로축이 Δt일 때 세로축이 Δx였어요. 그리고 이번에는 세로축이 속도를 나타내는 v이니까, Δv 아닌가요?

삐! 아쉽게도 틀렸습니다.

네? 왜 그런가요? 나름 자신 있었는데….

잠시 정리해 보지요. 애초에 미분은 무엇을 하기 위한 것이었을까요?

'변화를 보기' 위한 것이었어요.

그런데 이번에 구하려 하는 것은 '변화'가 아니라 '높이' 입니다. 다시 말해 가로축이 t일 때 세로축의 '점'이 필요한 것이지요.

그리고 그래프의 함수식은 $v=f(t)$라는 것을 알고 있습니다.

이제 다시 한번 질문하겠습니다. 가로축이 t일 때의 높이(세로축의 점)는 어떻게 될까요?

으음, 가로축이 t이니까 t를 그대로 $f(t)$에 집어넣으면…. 혹시 $f(t)$가 답인가요?

정답입니다! 정리하면, 높이(세로축)는 $f(t)$이고 폭(가로축)은 Δt가 되지요.

(직사각형의 넓이)
= (세로의 높이) × (가로의 길이)
= $f(t) \times \Delta t$

LESSON
3

직사각형의 빈틈 문제를 생각한다

빈틈을 채우는 방법

이제 직사각형의 넓이를 구하기 위한 재료가 전부 갖춰졌네요!

그렇기는 한데…. 분명히 그래프 안에 있는 모든 직사각형의 넓이를 구할 수는 있지만, 그래프 자체가 구불구불한 탓에 구불구불한 부분과 직사각형 사이에 빈틈도 생기고 반대로 삐져나오는 부분도 생기잖아요? 다음 그림 같은 빈칸은 어떡하나요?

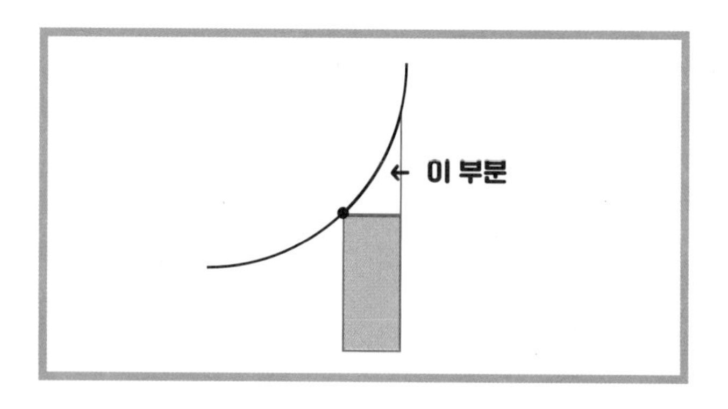

날카로운 지적입니다. 현재의 직사각형을 그대로 계산한들 빈틈이 있기 때문에 대략적인 답밖에 얻을 수가 없지요. 그런데 에리 씨가 그린 직사각형을 좀 더 가늘게 만들면 어떻게 될까요? Δt를 한없이 작게 만드는 것입니다.

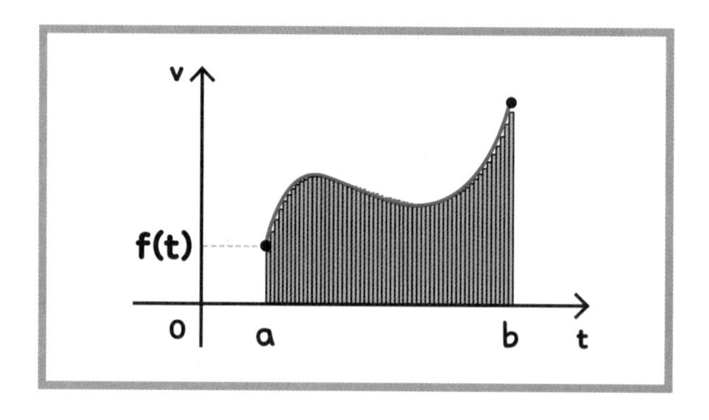

지금까지의 직사각형보다는 정확한 답을 이끌어 낼 수 있을 것 같지 않은가요?

생각해 보니 정말 그러네요!
적어도 이전에 그린 직사각형보다는 빈틈이 훨씬 줄어들 것 같아요.

그렇습니다.
지금 그래프에서 삐져나온 부분도, 빈틈이 생긴 부분도, 직사각형을 계속 가늘게 만들면 작아지겠지요? 그렇게 직사각형을 가늘게 만들어서 더해 나가는 것이 적분의 묘미랍니다.
그러면 직사각형의 넓이를 구하기 위한 재료를 이용해서 전체의 넓이를 구하는 방법을 알려 드리겠습니다!

부탁드려요!

직사각형의 넓이를 구하는 방법

작은 직사각형을 하나하나 더해 나간다

다시 한번 정보를 정리해 보겠습니다.

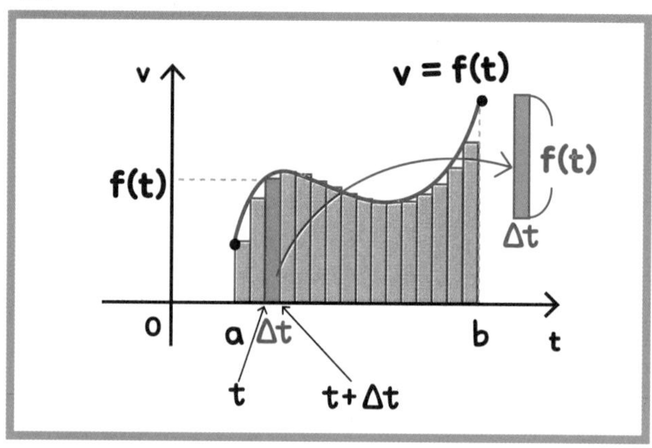

구하고자 하는 영역의 넓이의 가로폭은 a부터 b의 사

이였습니다.

그리고 앞에서 빼낸 직사각형의 넓이는 $f(\mathrm{t})\times\Delta\mathrm{t}$로 구할 수 있다는 것도 알았지요.

그러므로 이 그래프의 전체 넓이를 구하기 위해서는 이 직사각형들의 넓이를 계속 더해 나가면 됩니다.

$f(\mathrm{t})\times\Delta\mathrm{t}$를 하나하나 더해 나가는 건가요?

바로 그겁니다.

다만, 덧셈을 일일이 적으려면 식이 한도 끝도 없이 길어지지요. 좀 더 간결하게 식을 표현할 방법이 필요합니다.

그래서 '$f(\mathrm{t})\times\Delta\mathrm{t}$를 t의 값이 a일 때부터 b까지 더한 것'이라고 표현하도록 하겠습니다.

(넓이)≒(f(t)×Δt를 t의 값이 a일 때부터 b까지 더한 것)

't의 값을 a부터 b까지 서서히 변화시키십시오'라는 의미입니다. 앞의 그림에도 나오듯이, 그래프 속에 그린 직사각형은 a부터 b에 걸쳐 계속 움직이지요? 그와 함께 높이도 변화하고요. 그러니까 'a일 때의 높이부터 b일 때의 높이까지, 그렇게 해서 만들어지는 직사각형의 넓이를 전부 더하십시오'라는 의미가 됩니다.

그렇군요! 그런데 다쿠미 선생님, ≒는 뭔가요?

≒의 의미는?

이것도 처음 나온 기호군요. 영어로는 '니어이퀄'이라고 읽는데, '거의 같다'라는 의미랍니다.

선생님, 저 또다시 혼란스러워졌어요…. '거의 같다'라는 건, 역시 '빈틈 문제'를 완벽하게 해결할 수는 없다는 의미인가요?

그렇습니다. 그러면 이제부터 그 '빈틈 문제'를 본격적으로 생각해 보도록 하겠습니다.

LESSON 5

곡선 부분의 넓이를 구하는 방법

'dt'를 사용해서 Δt를 한없이 작게 만든다

에리 씨, 만두를 빚을 때 고명을 너무 큼지막하게 썰어서 넣으면 속에 빈틈이 많이 생기지요? 그렇다면 어떻게 해야 속을 빈틈없이 채울 수 있을까요?

고명을 작게 썰면 돼요!

그렇습니다. 고명이 작을수록 속을 빈틈없이 가득 채울 수 있지요.

지금 생각하고 있는 문제도 마찬가지입니다. 앞의 그림에 나오는 직사각형도 가늘수록 곡선으로 둘러싸인 부분을 빈틈없이 채울 수 있었지요.

이것을 수학의 언어로 표현하면 어떻게 될까요?

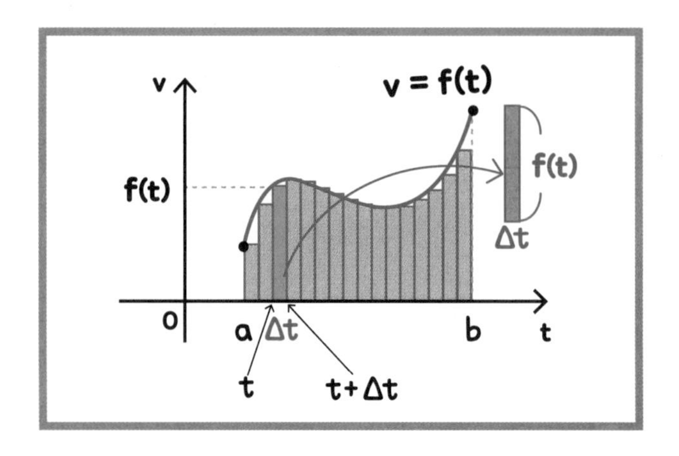

Δt를 작게 만든다?

훌륭합니다!

Δt를 작게 만들면 직사각형과 구불구불한 그래프 사이에 있는 빈틈이 채워지고 밖으로 삐져나온 부분도 줄어들지요. 에리 씨의 말처럼 Δt를 한없이 작게 만들도록 하겠습니다. 이것을 적분에서는 'dt'라고 표현하지요.

어? 그거 미분에서도 나오지 않았던가요?

기억하고 계셨군요! 그렇습니다. 미분을 설명할 때 Δ는 '유한한 변화'이고 d는 '무한히 작은 변화'를 나타낸다고 말씀드렸지요? 여기에서도 마찬가지입니다. Δt를 무한히 작게 만든 것을 dt라고 표현하지요. 이것을 아까 소개했던 넓이를 나타내는 식에 대입하면 어떻게 될까요?

이렇게 되나요?

(직사각형의 넓이) = f(t) × dt

맞습니다.

'×'는 생략해도 되니까 $f(t)dt$라고도 표현할 수 있지요.

인테그랄을 사용해서 직사각형을 더하자

't의 값이 a일 때부터 b까지 더한 것'은 그대로인가요?

그것도 단축할 수 있다면 좋겠지요? 그러니 단축해 보겠습니다. $\int_a^b$라고 쓰는 것이지요.

또 모르는 기호가!

그런데 왠지 귀엽게 생겼네요(^^).

꾸불거리는 것이 꼭 정원장어처럼 생겼지요(^^)? 그래서 이름도 정원장어…가 아니라, '인테그랄'이라고 합니다.

이, 인테그랄이요?

네. 인테그랄입니다. 그런데 이 장어, 유심히 보면 s처럼 보이지 않나요?

네, 맞아요! 그렇게 보여요!

s는 '덧셈'이라는 의미를 지닌 'summation'의 머리글자입니다. 처음에는 s였는데 점점 늘어나서 $\int$가 되었지요. 그러니까 $\int$가 나오면 '더하라는 말이구나'라고 생각해도 됩니다.

그렇다면 $\int_a^b$는 어떤 의미일까요?

'a부터 b까지 더하시오'가 아닐까요?

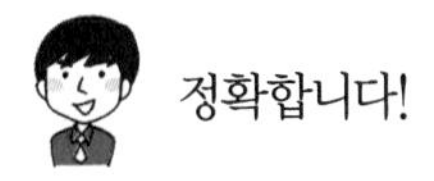

정확합니다!

$\int_a^b$ ➡ **'a부터 b까지 더하시오'라는 의미**

지금까지의 이야기를 정리하면, 지금 생각하고 있는 복잡한 도형의 넓이는 다음과 같이 나타낼 수 있습니다.

$$(\text{넓이}) = \int_a^b f(t)\,dt$$

어려워 보이는 기호도 간단한 말로 설명하니까 쉽게 이해할 수 있네요!

적분은 이렇게 탄생했다

5,000년이 넘는 적분의 역사

지금까지 적분에 관해 공부했는데, 사실 적분이 만들어진 시기는 굉장히 먼 옛날이랍니다. 아주 긴 역사를 자랑하지요.

네? 정말인가요? 저는 아주 최근에 만들어진 것인 줄 알았어요.

그게, 무려 고대 이집트 시대까지 거슬러 올라간답니다.

고, 고대 이집트라고요? 클레오파트라가 살아 있던 시

대 말인가요?

자세한 사실은 알 수 없지만 대략 그렇다고 할 수 있습니다.

여러 가지 설이 있습니다만, 고대 이집트 시대로 불리는 시기는 기원전 3,000년경부터 기원전 30년까지입니다. 클레오파트라가 등장한 때가 기원전 30년 전후라고 하니까 조금은 시기가 겹칠지도 모르겠네요.

세기의 미녀가 살았던 시대의 이야기라고 생각하니까 조금은 친근감이 느껴져요!

그거 다행이네요.

먼 옛날, 고대 이집트는 나일 강의 축복을 받아 번영을 누리고 있었다고 합니다. 하지만 한 가지 고민거리가 있었는데….

대체 어떤 고민거리인가요? 물고기가 잡히지 않는다든가?

적분은 생활 속에서 탄생했다

범람입니다.

강이 수시로 홍수를 일으켜서 거주 지역이 물에 잠기고 토지가 엉망이 되어 버리는 일이 잦았는데, 그럴 때마다 원래 상태로 복구하느라 고생이 많았다고 하네요.

정말 고생스러웠겠네요…. 짐작이 가요.

그런데 어떻게 원래 상태로 복구를 했을까요? 물에 잠겨서 다 쓸려가 버리면 어디부터 어디까지가 자신의 토지인지 알 수가 없잖아요?

날카로운 질문이네요!

그래서 당시는 넓이를 측정하고 그것을 기준으로 홍수 후에 토지를 재분배하는 방법을 사용했다고 합니다.

하지만 강은 모양이 구불구불하잖아요. 강과 붙어 있는 토지의 넓이를 구하려면 힘들었겠네요….

아하, 그렇구나! 그래서 적분을 생각해낸 것이군요!

'실진법'으로 넓이를 구했다

네, 그런 것이지요!

게다가 처음에는 정사각형이나 직사각형의 넓이를 구하는 방법은 알아도 지금 배우고 있는 극한을 사용한 적분 계산 방법은 모르는 상태였지요. 그래서 다음 그림처럼 먼저 직사각형으로 구할 수 있는 부분까지 구하기로 했습니다.

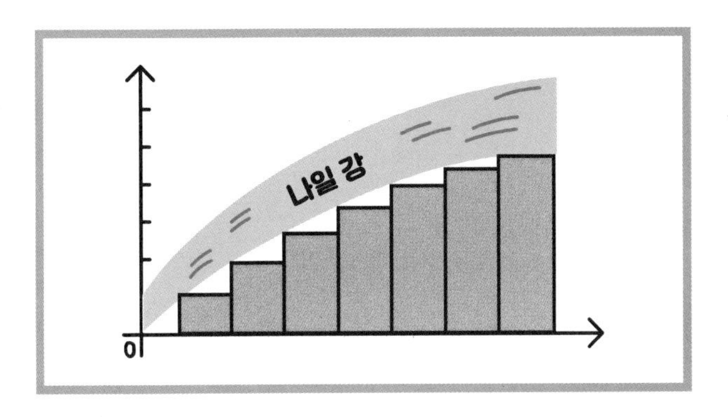

그리고 빈틈이 생긴 부분은 다음 그림처럼 삼각형이나 원 등 여러 개의 도형을 조합함으로써 계산했다고 하네요. 이런 계산법을 '실진법'이라고 부릅니다.

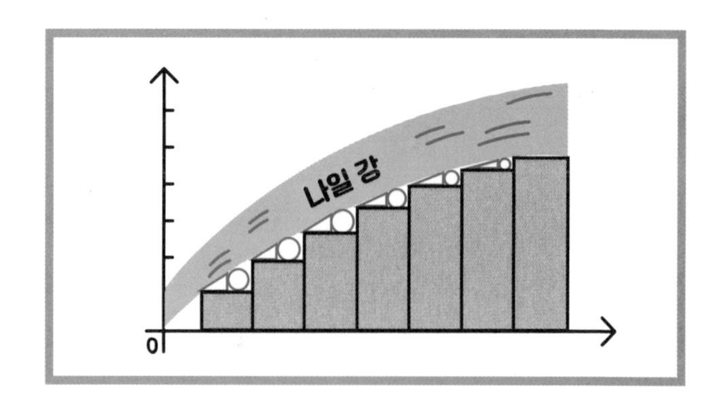

넓이만 계산해 놓으면 홍수가 일어나서 지형이 변하더라도 자신이 거주할 공간은 확보할 수 있으니 걱정할 필요가 없지요.

정말 그러네요! 당시 사람들은 그런 식으로 궁리를 했구나…. 적분이 생활 속에서 탄생한 지혜였다니, 놀라워요.

그렇게 생각하면 의외로 적분이 친근하게 느껴지지요. 우리는 방금 전까지 5,000년이 넘는 역사를 지닌 계산 방법을 공부하고 있었던 겁니다.

어떤가요? 뭔가 무게감이 느껴지지 않나요?

그런 역사 깊은 계산법을 공부하고 있었다니…. 당시 사람들이 타임머신을 타고 현대로 와서 우리가 아직도 미적분을 공부하고 있다는 사실을 알면 기뻐할지도 모르겠어요!

네. 지금 우리가 나누고 있는 대화도 5,000년 후까지 남는다면 참 멋질 것 같네요.

그러면 지금까지 설명한 내용을 복습하는 의미에서 연습 문제를 풀어 보도록 하지요!

적분의 연습 문제 ①

$\int_0^t 4t\,dt$의 값을 구하시오

하, 하하(진땀).

시작부터 막막해진 모양이군요(^^).

그러면 처음에 배웠던 적분의 내용을 다시 한번 복습해 보겠습니다.

그림과 같이 가로축이 시간(t), 세로축이 속도(v)인 그래

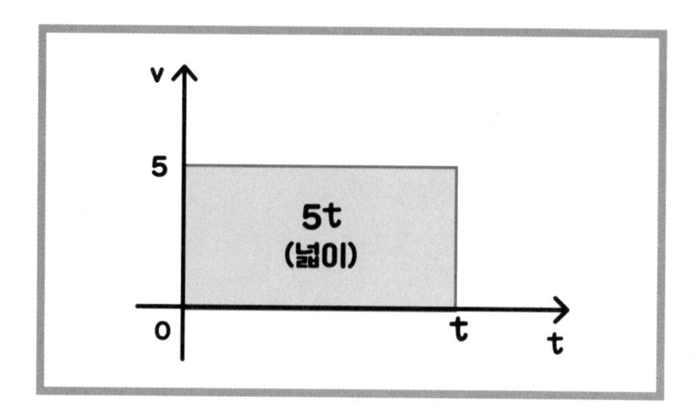

프가 있다고 가정하겠습니다. 속도를 5, 시간을 t라고 했을 경우, 거리는 '(속도)×(시간)'이니까 5t가 됩니다. 그리고 '(거리)=(넓이)'였지요.

여기까지는 이해하시나요?

네! 여기까지는 알아요!

그러면 그래프를 하나 더 살펴보겠습니다.

이것은 $v=\frac{1}{2}t$라는 그래프입니다. 역시 가로축이 시간, 세로축이 속도이지요.

시간이 그림의 t의 위치에 있을 때, 속도는 어떻게 될까요?

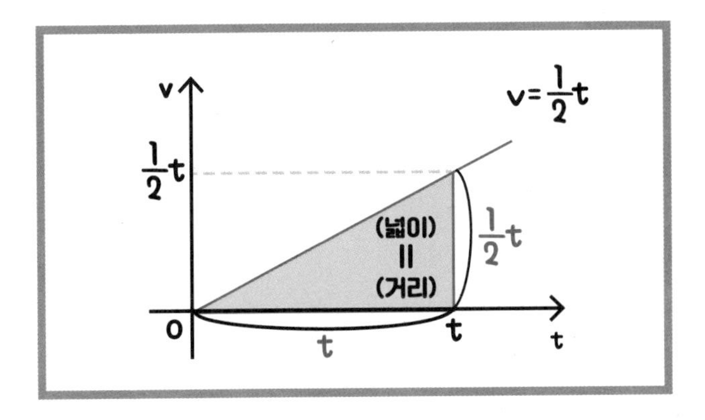

$\frac{1}{2}$t요!

맞습니다! 그렇다면 넓이는 어떻게 구해야 할까요? 삼각형의 넓이는 (밑변의 길이)×(높이)÷2로 구할 수 있습니다.

으음…. $\frac{1}{2}t \times t \div 2$가 되니까, $\frac{1}{4}t^2$인가요?

정답입니다!

지금 생각하고 있는 도형의 가로축은 0에서 t까지 움직이므로, 아까 가르쳐 드렸던 적분의 기호를 사용하면 이렇게 나타낼 수 있습니다.

$$\int_0^t 5dt = 5t, \int_0^t \frac{1}{2}t\,dt = \frac{1}{4}t^2$$

지금까지 속도와 넓이의 관계에 주목했는데, 혹시 뭔가 재미있는 일이 일어난 것을 깨닫지 못하셨나요?

네? 재미있는 일이요?

사실은, 거리를 미분하면 속도가 된답니다. 첫 번째 문제에서는 거리가 5t이고 속도가 5, 두 번째 문제에서는 거리가 $\frac{1}{4}t^2$이고 속도가 $\frac{1}{2}t$였으니까 분명히 그렇지요?

정말이네! 이건 세기의 대발견이네요!

이것은 뒤집어서 생각하면 5를 적분할 때는 '미분해서 5가 되는 것'을 찾으면 된다, $\frac{1}{2}t$를 적분할 때는 '미분해서 $\frac{1}{2}t$가 되는 것'을 찾으면 된다는 뜻이 되지요.

왠지 신기하네요….

잠시 기억을 떠올려 보세요. 맨 처음에 제가 미분은 '엄청나게 작은 변화를 보는 것'이고 적분은 '엄청나게 작은 변화를 더하는 것'이라고 말씀드렸지요? 그러니까 이런 관계도 신기한 것은 아닙니다. 다시 말해 적분은 미분에서 했던 것을 거꾸로 하면 되는 것이지요!

적분의 계산은 미분을 거꾸로 하는 것

그렇게 간단히 풀 수 있는 건가요?

그렇습니다! 실제로 풀어 보면 알 수 있지요.

이번 연습 문제는 $\int_0^t 4t\,dt = ?$이었습니다. 이것을 적분하면 어떻게 될까요?

으음…. 4t뿐이라면 알 것도 같은데, dt가 있어서 어떻게 해야 좋을지 모르겠어요….

dt는 일단 잊고 '4t' 부분에만 주목해 보세요.

네? 그래도 되나요? 그러면 말씀하신 대로….

x^n을 미분하면 nx^{n-1}이 돼요. 이것을 반대로 하라는 말이니까…. 4t의 t는 1제곱이니 구하려는 오른쪽의 값은 t^2이 되겠네요. 그리고 미분을 하면 그 2가 내려오는데, 그 값이 4가 되어야 하니까…. $2t^2$이 정답 아닐까요? 그러니까 이렇게 적으면 되나요?

$$\int_0^t 4t\,dt = 2t^2$$

네, 정답입니다!

야호! 풀었다!!

dt를 '없는 것'으로 취급할 수 있는 이유는?

그런데 왜 계산할 때 dt를 '없는 것'으로 취급해도 상관이 없는 건가요?

물론 처음에 설명드렸듯이 dt에는 직사각형의 폭이라는 중요한 의미가 있습니다. 없는 것으로 취급해도 되는 것은 아니지요. 하지만 직사각형을 전부 더할 때 더해진 직사각형 전체의 폭에는 변화가 없습니다. 변화하는 쪽은 높이이지요.

그렇다면 계산과 직접 관계가 있는 것은 dt의 앞에 있는

수뿐이겠네요!

그래서 적분의 계산 문제를 풀 때는 파란 선으로 둘러싸인 부분만 보면 되는 것이지요. 지금의 단계에서는 이 정도로만 이해해도 충분합니다!

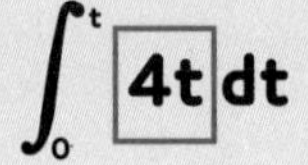

처음에는 익숙하지 않을지도 모르지만, 익숙해지면 별것 아니게 됩니다. 무서워할 필요가 전혀 없지요.

적분의 연습 문제 ②

$\int_0^t \frac{1}{3}t^2dt$의 값을 구하시오

꺅, 분수가 나왔네!

그러면 풀어 보도록 하지요. 에리 씨, 시작해 주세요!

$\frac{1}{3}t^2$만 보면 되니까, 답의 t에 해당되는 부분은 $t^{2+1}=t^3$이네요. 숫자 부분은 3이 내려왔을 때 $\frac{1}{3}$이 되니까 $\frac{1}{9}$일 테고….

그렇다면 $\frac{1}{9}t^3$이 답인가요?

$$\int_0^t \frac{1}{3}t^2dt = \frac{1}{9}t^3$$

훌륭합니다! 저는 한마디도 할 필요가 없었네요(^^).

이 기세로 마지막 문제에 도전해 봅시다!

적분의 연습 문제 ③

$\int_0^t t^4 dt$의 값을 구하시오

마지막은 네제곱이네요!

먼저 t의 부분은 t^5네요. 앞에 붙는 수는 미분을 해서 내려오는 5와 계산되어 1이 되어야 하니까 $\frac{1}{5}$이 필요하고….

그러니까 $\frac{1}{5}t^5$이 답이 아닐까요?

$$\int_0^t t^4 dt = \frac{1}{5}t^5$$

정답입니다!

야호!

이제 적분의 계산 자체는 초등학생도 할 수 있을 만큼 간단하다는 걸 실감하셨으리라 믿습니다.

LESSON
7

초등학교 수학에도 미적분이 숨어 있다

오묘한 미적분의 세계

이것으로 저의 미적분 강의는 끝입니다. 미적분을 배워 보니 어땠나요?

다쿠미 선생님의 강의를 듣기 전까지 미적분에 대해 전혀 아는 게 없었는데, 금방 문제를 풀 수 있게 되어서 솔직히 많이 놀랐어요….

다행히도 에리 씨에게 '미적분을 1시간 만에 이해할 수 있게 되는' 마법을 거는 데 성공한 듯하군요!

앗, 정말 그러네요(^^)! 다쿠미 선생님, 고맙습니다!

제가 봤을 때, 에리 씨는 이제 미적분의 본질을 이해하셨습니다.

하지만 이번 강의에서 말씀드린 내용은 사실 미적분이라는 오묘한 세계의 입구를 살짝 보여드린 것에 불과하답니다.

네? 그런가요?

네. 그러니 여기에 만족하지 말고 앞으로 미적분은 물론 수학 공부도 계속해 주셨으면 합니다. 틀림없이 미적분, 더 나아가 수학의 재미를 더 많이 깨닫게 될 겁니다.

미적분이 다양한 분야에서 사용되고 있는 사례를 앞에서 몇 가지 소개해 드렸는데, 지금의 에리 씨라면 좀 더 미적분의 본질에 다가간 사례를 소개해도 괜찮을 것 같네요. 그래서 마지막으로 수학을 공부하려는 의욕이 더욱 높아질 만한 이야기를 해 드리고 강의를 마무리하려 합니다.

어떤 이야기일지 기대가 되네요!

사실은 원의 계산 속에 '미적분'이 숨어 있다!

사실은 초등학교에서 배우는 수학에도 미적분이 숨어 있답니다.

네? 초등학교 수학에요? 미적분의 요소 같은 건 전혀 없었던 것 같은데….

에리 씨, 초등학교 때 배웠던 원의 넓이와 원의 둘레의 길이를 구하는 방법을 기억하시나요?

으음…, 그게 '(반지름의 길이)×(원주율)'이었던가요?

땡! 아쉽습니다! 원의 넓이는 '(반지름의 길이)×(반지름의 길이)×(원주율)'입니다. 원의 둘레의 길이는 '(지름의 길이)×(원주율)'이고요.

아, 맞다! 그랬지! 이제 떠올랐어요!

그러면 기호를 사용해서 생각해 봅시다.

원의 반지름을 r, 원주율을 π로 표시할 경우, 원의 넓이는 어떻게 나타낼 수 있을까요?

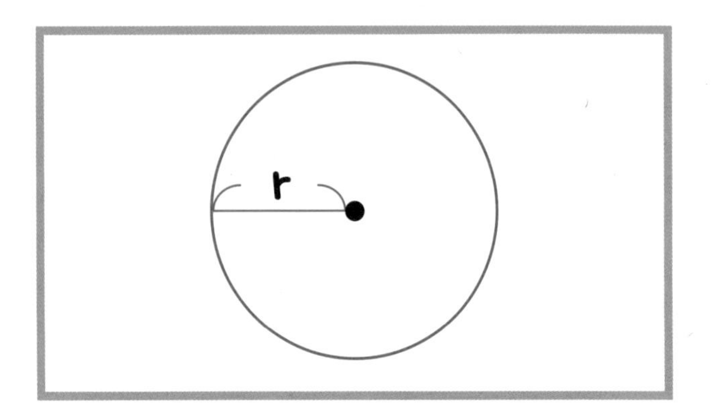

으음…. 원의 넓이는 '(반지름의 길이)×(반지름의 길이)×(원주율)'이니까 $r \times r \times \pi$가 되고, 이것을 정리하면…. πr^2인가요?

정답입니다! 그렇다면 원의 둘레의 길이는요?

원의 둘레의 길이는 '(지름의 길이)×(원주율)'이니까 $(r+r) \times \pi$, 그렇다면 $2\pi r$인가요?

그렇습니다! 이것을 잘 기억해 두시기 바랍니다.

이제 이 원이 바움쿠헨이라고 가정해 보겠습니다. 바움쿠헨을 좀 더 크게 만들고 싶었던 파티시에는 한 층을 추가하기로 했습니다. 그 추가한 층의 폭을 dr이라고 부르기로 하지요.

여기에서 d는 무엇을 나타내는 것이었지요?

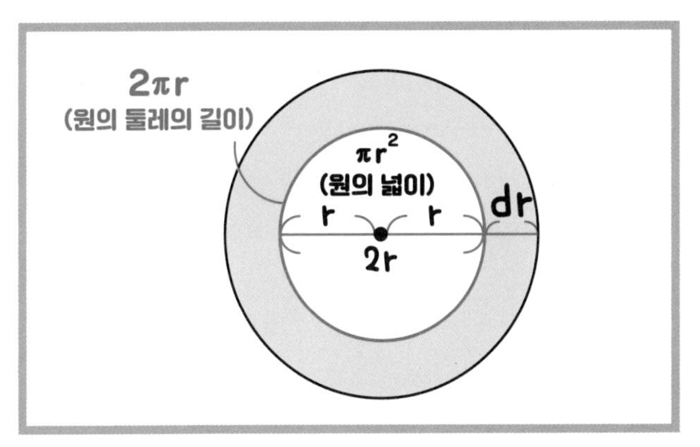

변화요!

정답입니다! dr만큼 변화했다는 뜻이지요. 그렇다면 이 추가한 층의 넓이를 구하는 식은 어떻게 될까요?

그게….

바움쿠헨의 층을 두껍게 만들기 위해 이미 있는 층에 빵을 추가로 두른다고 생각해 보시기 바랍니다. 그 추가로 두른 빵을 떼어서 펼치면 어떻게 될까요?

와, 이게 직사각형이 되는구나!

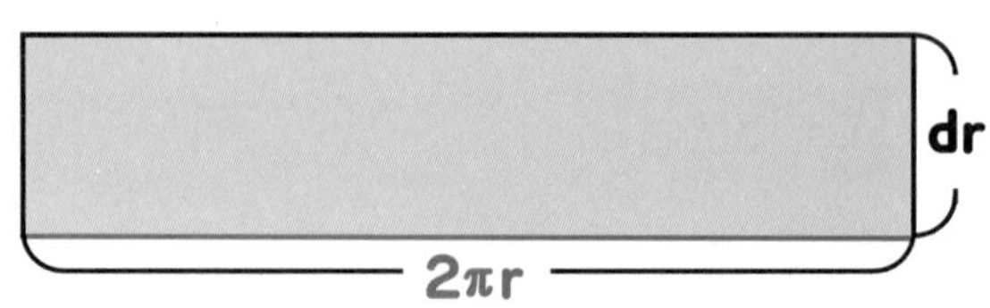

그렇다면 가로의 길이가 $2\pi r$, 세로의 길이가 dr가 되고, 직사각형의 넓이는 (가로의 길이)×(세로의 길이)니까 $2\pi r \times dr = 2\pi r dr$네요!

훌륭합니다! 그나저나 바움쿠헨이라는 말이 나온 뒤로 에리 씨의 눈이 반짝반짝 빛나고 있네요(^^).

반지름 0인 지점부터 전부 더하면 넓이가 된다

그러면 반지름이 0인 지점에서부터 층을 계속 쌓아 나가도록 하겠습니다. 실제 바움쿠헨은 한가운데가 비어 있지만, 한가운데가 비어 있지 않은 바움쿠헨이라고 가정하지요.

쌓아 나간 층의 넓이를 전부 더하면 어떻게 될까요?

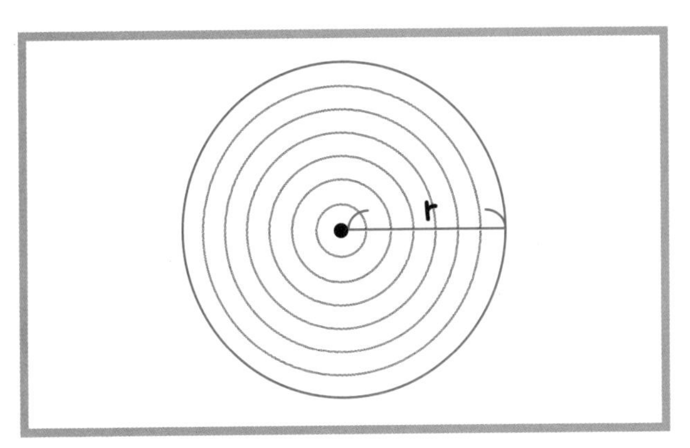

바움쿠헨 전체의 넓이가 나와요!

예리하군요! 그렇습니다. 원의 넓이가 되지요.

그 말은, 적분의 관점에서 봤을 때 '$2\pi rdr$(바움쿠헨의 층)

을 반지름 0인 지점에서부터 반지름 r인 지점까지 전부 더하면' 원의 넓이가 된다는 의미이겠지요?

오 오! 정말 그러네요!

이것을 ∫를 사용해서 나타내면 어떻게 될까요?

반지름 0인 지점부터 반지름 r인 지점까지 전부 더하니까…, 이런 식이 되는 게 맞나요?

$$\int_0^r 2\pi r\, dr$$

훌륭합니다! 정확히 맞히셨습니다.

그러면 기왕 식을 쓴 김에 계산해 보도록 하지요. 적분의 연습 문제 ②를 떠올려 보시기 바랍니다. $\frac{1}{3}t^2$은 어떤 식으로 풀면 되었지요?

아, 그렇구나! 연습 문제 ②를 풀었을 때를 떠올려 보면 되겠군요. dt 앞의 $\frac{1}{3}t^2$에 주목해서, '미분을 하면 이 식

이 되는 것'을 찾으면 됐어요.

바로 그겁니다!

그러니까 미분을 하면 2πr가 되는 것을 생각해 봐야겠네요. 그런데 π는 어떻게 생각해야 하나요?

π는 상수니까, 3이나 5 같은 일반적인 수와 똑같이 다루면 됩니다!

사, 상수가 뭔가요?

상수는 '값이 고정되어 있어서 변하지 않는 수'를 가리킵니다. 일반적인 수하고 똑같지요.

그렇군요! 그렇다면 πr^2이 답이겠네요?

딩동댕~~! 그런데 에리 씨, 원의 넓이를 구하는 공식이 뭐였지요?

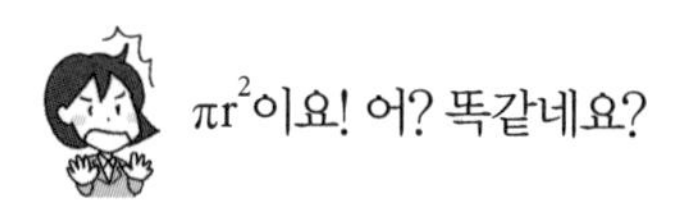

구의 부피를 구하는 방법에도 미적분이 숨어 있다

원의 넓이 이외에 중학교에서 배우는 수학에도 미적분이 숨어 있는 것이 있답니다.

또 있나요?

중학교에서 배웠던 구의 부피를 구하는 방법을 기억하시나요?

잠시만요. 기억해 볼게요. 뭐였더라…. 으음….

답을 말씀드리면, $\frac{4}{3}\pi r^3$입니다. 참고로 구의 겉넓이를 구하는 공식은 $4\pi r^2$이지요. 이 구를 dr만큼 얇은 껍질로 덮는다고 가정해 보겠습니다.

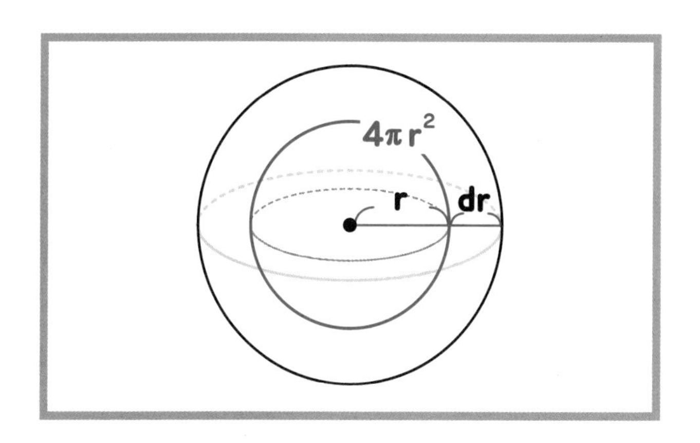

얇은 껍질의 겉넓이(실제로는 얇은 껍질의 '부피'이지만 '얇은' 껍질이므로 '겉넓이'로 표기한다. - 원문의 표현을 그대로 사용)는 어떻게 구할 수 있을까요?

얇은 껍질을 펼쳤을 때의 높이에 해당하는 것이 dr이니까, $4\pi r^2 \times dr = 4\pi r^2 dr$인가요?

훌륭합니다! 그렇다면 '구의 부피'는 어떻게 될까요? 바움쿠헨을 떠올려 보시기 바랍니다.

으음…. $4\pi r^2 dr$를 반지름 0인 지점부터 반지름 r인 지점까지 전부 더하니까, $\int_0^r 4\pi r^2 dr$에요.

그것을 적분하면?

와! $\frac{4}{3}\pi r^3$이 되었어요!

그렇습니다! 다시 말해 겉넓이를 적분해 나가면 부피가 된다는 말이지요. 이와 같이 구의 부피를 구하는 방법에도 적분이 숨어 있답니다.

사실은 저도 모르는 사이에 초중학교 때부터 적분을 접하고 있었던 것이군요! 정말 다양한 곳에 미적분이 숨어 있네요.

저, 앞으로도 미적분을 포함해서 수학을 계속 공부하고 싶어졌어요!

이 강의가 끝나기 전에 에리 씨에게 그 말을 들을 수 있어서 기쁩니다.

강의를 한 보람이 있네요.

후기

“In order to tell the truth, you have to lie.”

이 문장은 제가 좋아하고 또 지침으로 삼고 있는 말입니다. 직역하면 “진실을 전하기 위해서는 거짓말을 할 필요가 있다”라는 의미입니다. 상당히 자극적인 말로 들릴지도 모릅니다.

사실은 이번 강의 속에도 수많은 ‘거짓말’이 포함되어 있습니다. 물론 수학적으로 완전히 엉터리 내용을 가르친 것은 아니지만요. ‘진정으로 전하고자 하는 바를 전하기 위해 내용을 엄선하고, 어려운 표현은 가급적 피했다’는 의미로 생각해 주시면 좋을 것 같습니다.

초등학생에게 처음으로 뺄셈을 가르치는데 다짜고짜 ‘2−5=?’이라는 문제를 내는 사람은 없을 것입니다. 먼저 ‘3−1=?’이나 ‘4−3=?’ 같은 계산부터 시작하겠지요. 처음부터 답이 음수가 되는 문제는 다루지 않습니다. 이것도 일종의 '거짓말'에 해당합니다.

저는 항상 '100을 이야기해서 10밖에 전하지 못하는 사람보다 50을 이야기해서 30을 전할 수 있는 사람이 되고 싶다'는 마음가짐으로 살고 있습니다. 그래서 100의 이야기를 50으로 압축하는 작업에 온 힘을 쏟고 있습니다. 이 책의 내용 또한 그렇게 필사적으로 압축한 50입니다.

이 책을 끝까지 읽어 주신 독자 여러분에게 30이 전해지고, 나아가 나머지 70에 관해서도 알고 싶다는 마음이 생겼기를 바라면서 펜을 내려 놓습니다.

2019년 4월

요비노리 다쿠미

옮긴이 이지호

대학에서는 번역과 관계가 없는 학과를 전공했으나 졸업 후 잠시 동안 일본에서 생활하다 번역에 흥미를 느껴 번역가를 지망하게 되었다. 스포츠뿐만 아니라 과학이나 기계, 서브컬처에도 관심이 많다. 원서의 내용과 저자의 의도를 충실히 전달하면서도 한국 독자가 읽기에 어색하지 않은 번역을 하는 번역가, 혹시 원서에 오류가 있다면 그것을 놓치지 않고 바로잡을 수 있는 번역가가 되고자 노력하고 있다. 옮긴 책에 《초록의 집》, 《원자핵에서 핵무기까지》, 《슬로 트레이닝 플러스》 등이 있다.

수학은 어렵지만
미적분은 알고 싶어

1판 1쇄 발행 | 2020년 10월 20일
1판 3쇄 발행 | 2022년 9월 13일

지은이 요비노리 다쿠미
옮긴이 이지호
펴낸이 김기옥

실용본부장 박재성
편집 실용1팀 박인애
마케터 서지운
판매전략 김선주
지원 고광현, 김형식, 임민진

디자인 푸른나무 디자인
인쇄·제본 민언프린텍

펴낸곳 한스미디어(한즈미디어(주))
주소 121-839 서울시 마포구 양화로 11길 13(서교동, 강원빌딩 5층)
전화 02-707-0337 | 팩스 02-707-0198 | 홈페이지 www.hansmedia.com
출판신고번호 제 313-2003-227호 | 신고일자 2003년 6월 25일

ISBN 979-11-6007-533-5 03410

책값은 뒤표지에 있습니다.
잘못 만들어진 책은 구입하신 서점에서 교환해 드립니다.

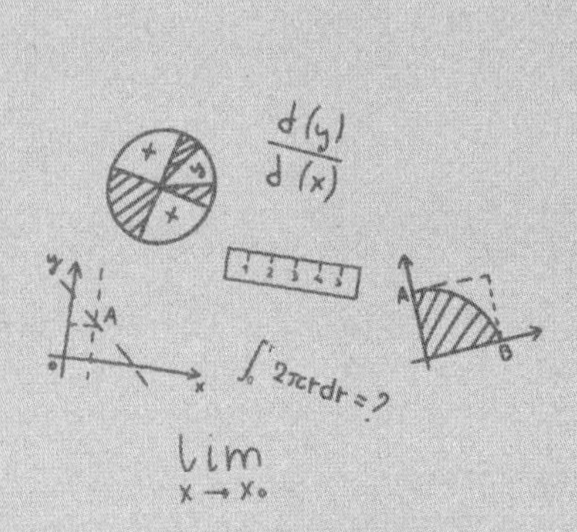
d(y)
d(x)
1 2 3 4 5
y
A
0
x
2πrdr = ?
A
B
lim
x → x₀